行銷專業秘書
人才認證題庫

台北市外貿行銷專案經理人協會　著

東華書局

國家圖書館出版品預行編目資料

行銷專業秘書人才認證題庫 / 台北市外貿行銷專案經理人協會著. -- 1 版. -- 臺北市：臺灣東華書局股份有限公司, 2022.10

336 面；19x26 公分.

ISBN 978-626-7130-31-5（平裝）

1. CST: 秘書　2.CST: 行銷學

493.9　　　　　　　　　　　　　111015774

行銷專業秘書人才認證題庫

著　　　者	台北市外貿行銷專案經理人協會
發 行 人	陳錦煌
出 版 者	臺灣東華書局股份有限公司
地　　　址	臺北市重慶南路一段一四七號三樓
電　　　話	(02) 2311-4027
傳　　　眞	(02) 2311-6615
劃撥帳號	00064813
網　　　址	www.tunghua.com.tw
讀者服務	service@tunghua.com.tw
門　　　市	臺北市重慶南路一段一四七號一樓
電　　　話	(02) 2371-9320

2026 25 24 23 22　JF　5 4 3 2 1

ISBN　　978-626-7130-31-5

版權所有・翻印必究

序言

秘書，看似簡單卻是一項非常專業的工作。隨時代演變，當今的秘書工作不僅只是協助 CEO 日常會議等排程，更必須具備專業知識，以應付越來越多的資訊流動與全球化活動。因此，諸如行銷專案秘書、營運專案秘書、法律專案秘書等因應而生。在資訊科技日新月異下，專案秘書更成為訊息的管理者、公司大數據資料的建立者。此外，專案秘書必須掌握最新的辦公科技技術，以求更迅速更有效率地安排公司對外訊息的接收以及 CEO 可能面對的問題與環境變化。

Our secretary is our queen! 秘書必須具備卓越的溝通能力，必須能夠與他人面對面或透過電話與網路傳播進行交流。秘書可以做為 CEO 與員工之間的溝通管道；也是公司是否能夠團結合作的靈魂人物。在專業領域工作的秘書則更必須具備該領域的工作知識。例如行銷專案秘書，其必須瞭解有關行銷相關的策略與可能遇到的問題，如此才能協助公司解決行銷相關議題。

由於在目前的大學學科中並沒有針對秘書專業所開設的學系，因此要真正的訓練一位專業的秘書則必須透過多重管道進行。因此若能將行銷專業帶入秘書訓練中，則必能培養出一位具商業專業素養的秘書。本書可以提供一般人士了解秘書實務以及行銷企劃相關知識，更可以讓研習者同時具備兩種專業能力。

本題庫共計 1,000 題，其內容都是行銷專業秘書與專案經理必須了解的內容與實務。雖然題目較繁多，但知識力就是就業力，只要用心研讀，取得證照，則必能讓自己在職場上加分。在此祝福大家成為職場的溫拿～

台北市外貿行銷專案經理人協會理事長

陳禮俊 教授

2022 年，秋

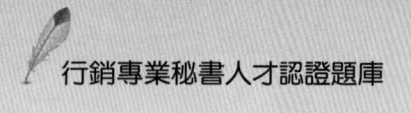

目錄

主題一　行銷專業秘書基本觀念與禮儀　1

子題1　秘書中英文電話禮儀　3
子題2　秘書訪客接待禮儀　11
子題3　行銷基礎觀念　18
子題4　市場商機分析　23

主題二　行銷秘書應瞭解之市場分析技巧　29

子題1　市場商情系統解析　31
子題2　個人與家計單位之購買行為解析　38
子題3　企業與中間商之購買行為解析　46
子題4　如何鎖定目標顧客？　52

主題三　行銷秘書之內部行銷執行技巧　61

子題1　秘書之會議組織與管理　63
子題2　秘書相關文案處理技巧　70
子題3　如何提升工作效率與時間管理　77
子題4　商業信函與文書處理能力　85

主題四　行銷秘書之溝通協調能力　93

子題1　如何成為主管得力助手　95
子題2　主管行程管理與差旅安排　102
子題3　秘書情緒管理與壓力紓解　110
子題4　如何創造雙贏團隊　117

主題五　秘書之行銷企畫技巧　　125

子題 1　企業產品組合策略　　127
子題 2　企業產品開發與管理　　134
子題 3　企業產品訂價策略　　139
子題 4　企業產品配銷策略　　147
子題 5　企業產品推廣策略　　157
子題 6　企業產品廣告與促銷策略　　166

主題六　E化與服務業行銷技巧　　177

子題 1　服務業行銷觀念　　179
子題 2　網路行銷觀念與策略　　188

練習題題庫　　199

第一回　　201
第二回　　214
第三回　　227
第四回　　240
第五回　　253
第六回　　266
第七回　　279
第八回　　292
第九回　　305
第十回　　318

主題一 行銷專業秘書基本觀念與禮儀

子題 1 秘書中英文電話禮儀

子題 2 秘書訪客接待禮儀

子題 3 行銷基礎觀念

子題 4 市場商機分析

子題 1

秘書中英文電話禮儀

1. 秘書為了協助主管做管理庶務性工作時,電話篩選是無法避免的,請問下列何者最正確?
   (A) 不論任何人來電都先擋下來
   (B) 幫對方解決問題以減少彼此時間上的無謂浪費
   (C) 長話短說
   (D) 把大客戶的電話接進去

2. 接電話時,拿起電話筒要先說:
   (A) 打招呼語　　　　　　　　　(B) 公司大名
   (C) 自己姓名　　　　　　　　　(D) 部門名稱

3. 電話是一種管理工具,當我們打電話去找對方而對方不在時,請問下列何種作法是正確的?
   (A) 謝謝,就把電話掛了　　　　(B) 留下資料請對方回電
   (C) 找對方的職務代理人把事情解決　(D) 改天再打

4. 電話不是用來聊天的,所以和客戶講電話時,應該:
   (A) 就事論事　　　　　　　　　(B) 長話短說
   (C) 短暫寒暄即可　　　　　　　(D) 以上皆是

5. 想提高工作效率,或者觀察一個人是否有效率、是否值得提拔,請問應從下列何處觀察?
   (A) 動作快慢　　　　　　　　　(B) 吃飯速度
   (C) 電話處理　　　　　　　　　(D) 英文好壞

6. 任何干擾工作效率的事情都應該避免,請問下列何者是應該避免的事情?
   (A) 老闆叫你　　　　　　　　　(B) 同事找你

(C) 有電話響了　　　　　　　　　(D) 客戶來訪

7. 今天老闆臨時要請 5 位朋友吃中飯，請你聯絡安排，下列何者為非？
   (A) 先了解這 5 位朋友的習性　　(B) 容易找的人先打電話聯絡
   (C) 困難找的人先找　　　　　　(D) 一次把電話打完

8. 老闆要求你做三件事：(1) 打電話給客戶談一張更改訂單的事，(2) 今天有人會來收一筆私人款項 50,000 元，(3) 他小孩需要買一個新的便當盒，請問處理順序應為：
   (A) (1)(2)(3)　　　　　　　　　(B) (3)(2)(1)
   (C) (2)(3)(1)　　　　　　　　　(D) (1)(3)(2)

9. 一早，有一份公文到你手上時，你的處理方式是：
   (A) 先看看再說
   (B) 馬上決定是否可以處理，若無法處理，就寫在公文上轉給下一階段處理的人
   (C) 沒關係，吃完中飯再說
   (D) 反正離下班還早呢！不急不急，放在桌上

10. 接聽電話時，下列何者為是？
    (A) 打招呼＋公司大名＋部門名稱＋自己的名字
    (B) 公司大名＋部門名稱＋自己的名字
    (C) 打招呼＋公司大名＋部門名稱
    (D) 請問你找哪位？

11. 當你打電話去找人時，對方恰巧不在，你會如何處理？
    (A) 想盡辦法一次搞定
    (B) 謝謝，再見
    (C) 告訴對方我的資料，留下留言，請對方回覆
    (D) 不喜歡跟機器講話，不留言就掛斷

12. 當你要打電話給三個人：(1) 一個是經常不在，(2) 一個是偶爾在，(3) 一個是一定在。請問打電話的順序應為：
    (A) (3)(2)(1)　　　　　　　　　(B) (1)(2)(3)
    (C) (2)(1)(3)　　　　　　　　　(D) (1)(3)(2)

13. 電話管理的原則，下列何者為非？
    (A) 困難的人要先找
    (B) 打電話次之
    (C) 打電話比較重要
    (D) 接電話次之

14. 下午 4 點鐘，當你接到一通往來銀行打來的電話，告知貴公司的帳戶今天支存短缺 3000 元，請貴公司趕快補足差額，而會計部門的人員恰巧都外出不在，請問你應該如何處理？
    (A) 寫留言在會計部經辦者桌上即可
    (B) 把電話轉給主管處理
    (C) 直接請銀行協助先把 3000 元補足，明天再去補辦手續
    (D) 自己先掏腰包去銀行把錢給銀行

15. 電話詐騙層出不窮，請問當你接獲電話時，對方告訴你要你去匯款給他時，你會如何處理？
    (A) 到 ATM 匯款
    (B) 打電話 165 求證
    (C) 報警 110
    (D) 罵對方

16. 講電話時，大家都知道長話短說，但是往往很難克服，請問當你打電話給客人時，如何減少講太久的困擾？
    (A) 事先打草稿，以防有所遺漏
    (B) 打斷客人的講話，以節省時間
    (C) 直接告訴客人不要講太久
    (D) 找借口有事趕快掛電話

17. 接到客訴電話時，對方罵得很凶，你應該如何處理？
    (A) 仔細聆聽，記錄下來
    (B) 不可與其發生爭執
    (C) 委婉解說
    (D) 以上皆是

18. 接完電話時，對方要掛電話了，下列何者最恰當？
    (A) 謝謝
    (B) 不客氣
    (C) 再見
    (D) 如還有不明白的地方，請隨時來電

19. 對方撥錯電話時，應如何處理較為恰當？
    (A) 直接掛掉
    (B) 請對方查明後再撥
    (C) 跟對方聊一下
    (D) 告知對方打錯了，然後掛斷

20. 轉接電話時，應如何處理最完善？
    (A) 直接轉給客人指定的分機號碼後，就掛掉
    (B) 轉給指定的分機時，直到對方接起電話，經確認無誤時，才掛掉電話
    (C) 直接喊大聲一點，大家都聽清楚了
    (D) 當事人不在時，直接轉到語音信箱

21. 寫一張留言條，應注意哪些事項？
    (A) 來電者的公司或大名
    (B) 交辦事項及聯絡方式
    (C) 來電時間
    (D) 以上皆是

22. 處理電話留言的方式，下列何者為非？
    (A) 快下班前才回電，沒人與你說廢話
    (B) 避免題外話開場
    (C) 不用閒扯
    (D) 以上皆非

23. 秘書的電話很多，大部分都是老闆的事，如果是老闆的私人電話，秘書應如何面對？
    (A) 不過問
    (B) 公私分明，公事公辦，私事不參與，但是老闆要求協助時，盡量配合
    (C) 主動協助
    (D) 完全不理會

24. 當老闆指示今天某人打電話來都說他不在，你應如何處理？
    (A) 配合辦理，依平日的方式接聽電話，不讓對方察覺
    (B) 直接說不在，就掛電話
    (C) 問明對方來意，幫他留言
    (D) 保持安靜

25. 一般而言，電話鈴聲響三聲以內請拿起聽筒，最多不超過五聲，請問第幾聲最正確？
    (A) 第一聲
    (B) 第二聲
    (C) 第三聲
    (D) 第四聲

26. 「請問你找哪一位」或「請問哪裡找？」的英文，下列何者正確？

(A) Who is calling please?　　　　(B) Who do you want to look?

(C) Who is your key person?　　　(D) Whom do you want to speak to?

27. 當對方要留話，卻沒有告訴你名字時，你應該說什麼？

(A) May I ask who is calling?　　(B) May I leave your name?

(C) What's your name?　　　　　　(D) Who you are?

28. 當你接到一通電話，正是要找你的，下列回答何者有誤？

(A) I am.　　　　　　　　　　　　(B) This is she.

(C) Speaking.　　　　　　　　　　(D) Mrs. Chen speaking.

29. 當你請對方稍等一下，應如何說比較恰當？

(A) Hold on.

(B) Wait a moment.

(C) Hold the line, please. I'll get Mary Lee to the phone.

(D) Just a moment.

30. 「對不起，讓你久等了。」只要無法立即接聽電話，或者必須在交談中暫時擱下電話，當你再度拿起聽筒時，應該說：

(A) Sorry.　　　　　　　　　　　　(B) Are you still there?

(C) Let you waiting.　　　　　　　(D) So sorry.

31. 下列自我介紹時的說法，何者最正確？

(A) Hello. This is Mary Lee of 3M Company.

(B) Good morning. This is Mary Lee calling.

(C) Hi. This is Mary Lee, a secretary of 3M.

(D) Good afternoon. This is Mary Lee, President Wu's secretary at 3M.

32. 要求與某人通話，一般比較客氣的用語是：

(A) May I speak to Mary Lee, please?

(B) Could I speak to Mary?

(C) Where is Mary Lee?

(D) Is Mary Lee at home?

33. 如果對方方便替你留話的時候，你可以留電話給你要找的人，請問下列何者為誤？
    (A) Please ask Mary Lee call me.
    (B) Please tell Mary Lee that I called.
    (C) Please tell Mary Lee that there is a call from Lo Lin of 3C company.
    (D) Please ask Mary Lee to call me back.

34. 當你打電話去找人而對方不在時，如果你不想留話給對方，可以說等一會兒再打來，下列何者正確？
    (A) I'll call again.
    (B) I'll call back later.
    (C) I'll call him.
    (D) I'll dial again.

35. 當你打電話要求對方轉接分機，下列哪種說法不正確？
    (A) Extension 365, please.
    (B) Could I have extension 365?
    (C) Could you connect me to extension 365.
    (D) I'd like extension 365, please.

36. 當你不知道對方姓名，可是希望轉接到相關部門的時候，下列哪個說法不正確？
    (A) Could I have the person who handles U.S. accounts?
    (B) Can you connect me with the person who is in charge of U.S. accounts?
    (C) Could I have the person who is responsible for your wine promotion?
    (D) Could I talk with the person who takes care of wine promotion?

37. 當你接到一通電話但是聽不懂對方在說什麼時，你要說什麼？
    (A) I can not understand.
    (B) Can you repeat?
    (C) Pardon?
    (D) Can you speak louder?

38. 有時候對方交代複雜又難懂的事情要你轉述時，你可以要求對方用_____，以避免傳遞錯誤的訊息。
    (A) e-mail
    (B) Fax
    (C) Line
    (D) 以上皆可

39. 一張完整的留言條，應包括哪些內容？

(A) date and time　　　　　　(B) phone no.

(C) company and message　　　(D) all above

40. 當我們接到一通電話，都會請教對方貴姓，為什麼？

(A) 身家調查　　　　　　(B) 尊稱對方

(C) 過濾人選　　　　　　(D) 隨便問問

子題 1 答案

1.(C)	2.(A)	3.(C)	4.(D)	5.(C)
6.(C)	7.(B)	8.(A)	9.(B)	10.(A)
11.(A)	12.(B)	13.(B)	14.(C)	15.(B)
16.(A)	17.(D)	18.(D)	19.(B)	20.(B)
21.(D)	22.(D)	23.(B)	24.(A)	25.(B)
26.(A)	27.(A)	28.(A)	29.(C)	30.(B)
31.(D)	32.(A)	33.(A)	34.(B)	35.(C)
36.(B)	37.(C)	38.(D)	39.(D)	40.(B)

子題 2
秘書訪客接待禮儀

1. 接待不速之客時，請問下列何者最正確？
   (A) 考慮不予接待
   (B) 先核對訪客接待登記簿，是否事先約定
   (C) 給杯水喝
   (D) 把大客戶接進去

2. 有很多地點可以作為一般的接待場所，下列哪一種比較適合人數少的重要貴賓？
   (A) 主管辦公室
   (B) 會議室
   (C) 餐廳
   (D) 會客室

3. 接待室應準備哪些東西？
   (A) 報章雜誌
   (B) 公司刊物
   (C) 公司簡介
   (D) 以上皆是

4. 接待一位客人時，應該站在客人的：
   (A) 右側
   (B) 左側
   (C) 前面
   (D) 後面

5. 接待二位客人時，我們應站在：
   (A) 客人的最左側
   (B) 站在二位客人之間
   (C) 客人的最右側
   (D) 客人的後面

6. 接待二位貴賓時，職位最大者應站在：
   (A) 最右側
   (B) 最左側
   (C) 最中間
   (D) 最前面

7. 握手時：
   (A) 地位高者可以先伸手
   (B) 女士先伸手
   (C) 年長者先伸手
   (D) 以上皆是

8. 有一天,你帶男朋友回家見父母親,請問你應該怎樣介紹彼此認識?
   (A) 爸、媽,跟你們介紹這位是王大年先生,任職於3M公司業務部組長,是我的男朋友
   (B) 大年,跟你介紹,這是我爸、我媽
   (C) 來來來,先介紹我爸媽給你認識
   (D) 這是我爸、我媽

9. 名片的應用原則,下列哪一項是不正確的?
   (A) 一張名片一種頭銜
   (B) 拿到名片趕快寫下對方的特徵,以免忘記
   (C) 拿到對方名片時要重複一次對方的姓名及頭銜
   (D) 雙手遞名片時,應目視對方並說幸會

10. 茶點招待注意事項,下列何者有誤?
    (A) 用茶包泡茶給客人喝時,待茶湯釋出後即取走茶包,再奉茶
    (B) 所有茶點均需以托盤襯底再奉上
    (C) 最正式的器皿以瓷器有蓋者為上
    (D) 奶精和糖可以幫客人加入杯中再奉上

11. 相互介紹的順序,下列何者為非?
    (A) 先介紹男士,再介紹女士
    (B) 先介紹來賓,再介紹自己人
    (C) 先介紹個人,再介紹團體
    (D) 將職位低的介紹給職位高的

12. 送客時應注意禮節,下列何者為誤?
    (A) 送客要送到確定離去為止
    (B) 主人及男士應替女客人開車門即可
    (C) 有司機開車時,其右邊地位最小
    (D) 有司機開車時,其後座右邊地位最大

13. 西餐餐桌上重談話,但是有些話題不宜提及,請問下列何者可以談呢?
    (A) 女性的年齡
    (B) 天氣好壞
    (C) 宗教
    (D) 政治

14. 友人邀請你赴宴，如果你送花當禮品，由花店送上，理應在多久之前送達？
    (A) 1 小時以內
    (B) 2 小時以內
    (C) 3 小時以內
    (D) 4 小時以內

15. 西方人送你禮物時，你應該：
    (A) 回家再打開看
    (B) 當場打開看，並說很喜歡
    (C) 趕快轉送他人
    (D) 退回對方

16. 中、西餐桌禮儀稍有不同，下列何者為誤？
    (A) 西式餐桌禮儀以男主人為最大
    (B) 中式餐桌禮儀以男主人為最大
    (C) 西式餐桌禮儀到達時間以請帖上的時間前後十分鐘為宜
    (D) 西式餐桌禮儀，在家宴客比在餐廳來得正式

17. 西餐座位的安排，下列何者不正確？
    (A) 西式座位採男女交叉入座
    (B) 男主人右手邊為女主賓
    (C) 西式餐飲重菜色，中式餐飲重氣氛
    (D) 女主人的右手邊為男主賓

18. 西餐餐具的擺設十分重視，若有不慎就會鬧笑話，請問下列何者有誤？
    (A) 水杯在右手邊
    (B) 麵包在左手邊
    (C) 刀在右手邊
    (D) 湯匙在左手邊

19. 西餐上菜的順序為何？(1) 水果，(2) 主菜，(3) 沙拉，(4) 湯，(5) 甜點，(6) 前菜。
    (A) (6)(3)(4)(2)(5)(1)
    (B) (3)(6)(4)(2)(5)(1)
    (C) (4)(6)(3)(2)(1)(5)
    (D) (6)(3)(4)(2)(1)(5)

20. 西餐進餐時有些規則，請問下列何者為誤？
    (A) 主人致詞是在主菜上菜之後
    (B) 口布放在膝上，限於擦嘴角及手掌
    (C) 白肉配白酒，紅肉配紅酒
    (D) 喝湯不能發出聲音

21. 西餐用餐時的禮儀，下列何者不正確？
    (A) 刀叉由外至內順序使用
    (B) 右手刀，左手叉

(C) 正式場合一道菜一套餐具

(D) 自助式西餐用過的盤子可再重複使用以節省盤子

22. 西式宴客後，參加的人應該做什麼事？
    (A) 應於次日致感謝函給主人
    (B) 跟他人說明菜色好壞
    (C) 幫忙收碗盤
    (D) 以上皆非

23. 有關西餐餐桌上喝酒的規矩，何者不正確？
    (A) 紅酒冰過比較好喝
    (B) 白酒要喝之前 30 分鐘放入冷藏室，比較好喝
    (C) 白酒在前，紅酒在後
    (D) 餐後酒大都是烈酒，酒精成份比較高

24. 用餐禮儀之中，下列何者正確？
    (A) 吃牛排時，把牛肉都切成小塊後，再慢慢進食
    (B) 主菜是海鮮時，應搭配紅酒
    (C) 因為有開車前來聚餐，擔心警察會開罰單，所以就不讓服務員倒酒
    (D) 麵包不可沾湯吃

25. 當你在用餐時，吃到魚骨頭，應該如何處理較為恰當？
    (A) 直接吐出來
    (B) 用手遮住嘴，另一手將魚骨頭取出，放置盤緣
    (C) 用手把魚骨頭拿出來
    (D) 把魚骨頭吞進肚子

26. 點頭禮是用於：
    (A) 熟識平輩間，相遇問安或於行進間點頭打招呼
    (B) 長輩對晚輩
    (C) 主管對部屬
    (D) 以上皆是

27. 鞠躬禮是最尊敬之禮，請問用於何種情況？
    (A) 喪禮弔祭
    (B) 婚禮

(C) 國旗、國父遺像、國家元首玉照　　(D) 以上皆是

28. 行禮時，身體上身傾斜 45 度，眼睛注視地面或受禮者腳尖，禮畢後再恢復立正的姿勢，請問這是什麼禮？
    (A) 注目禮
    (B) 點頭禮
    (C) 鞠躬禮
    (D) 親頰禮

29. 行使握手禮時：
    (A) 雙方保持一個手臂的距離，伸出右手
    (B) 不用看對方
    (C) 四指併攏，拇指張開
    (D) 上下微搖表示親切，並行欠身禮，同時面帶微笑

30. 握手時，下列何者為非？
    (A) 長官可以先伸手
    (B) 男士可以先伸手
    (C) 長輩可以先伸手
    (D) 主人可以先伸手

31. 行禮時雙手互握，右手掌心包住左手拳頭，高舉齊眉，請問這是什麼禮？
    (A) 握手禮
    (B) 拱手禮
    (C) 舉手禮
    (D) 擁抱禮

32. 對於親頰禮，下列敘述，何者不正確？
    (A) 只輕吻對方左頰表示禮貌
    (B) 親了右頰再親左頰，表示進一步的熱忱
    (C) 歐美國家在男女之間，由男士主動或女士主動都不失禮
    (D) 至親好友間，由男士主動或女士主動都不失禮

33. 擁抱禮於男士間或女士間行禮，下列何者為誤？
    (A) 伸開雙手，右手交伸，搭在對方的左肩上方
    (B) 左手向對方右脅往背後輕輕環抱，並輕輕拍對方的背
    (C) 片刻後分開復位
    (D) 此禮表示重逢的喜悅與親切，或離別時的珍重

34. 理想的坐姿，下列何者有誤？
    (A) 不論男女，兩腿皆應併攏
    (B) 兩手可以輕放在椅子扶手上
    (C) 入坐椅子 1/3，勿躺椅背上
    (D) 女士提包應置於座位後方

35. 主人開 5 人座小轎車時，其座位大小何者為誤？
    (A) 駕駛座旁邊的副駕駛座為最大
    (B) 駕駛座後右側次之
    (C) 駕駛座旁邊的副駕駛座為最小
    (D) 駕駛座正後方為第三順位

36. 茶點招待客人時，以下何者為誤？
    (A) 最好用免洗紙杯，比較衛生
    (B) 最好用瓷器的杯子，有蓋子更好
    (C) 所有茶點均以托盤襯底再奉上
    (D) 附有點心食品時，必須提供紙巾備用

37. 搭乘電梯時：
    (A) 先告知客人將前往何處
    (B) 客人人數眾多必須分二輛電梯時，接待人員應搭乘第一班電梯先前往
    (C) 抵達樓層時，接待人員先出電梯
    (D) 進入電梯時男士先行

38. 當客人給你一張名片時：
    (A) 雙手接受名片
    (B) 趕快收起來
    (C) 趕快寫上對方的特徵，以免忘記
    (D) 註明日期及地點

39. 收到他人的邀請函時：
    (A) 應馬上回覆是否參加
    (B) 應註明參加者的性別
    (C) 特別注意是否有寫明 dress code
    (D) 以上皆是

40. 西餐禮儀的安排，下列何者為誤？
    (A) 男女穿插坐是一種社交場合的安排
    (B) 男士應協助女士將椅子拉開
    (C) 用餐時不忘與鄰座交談，培養社交能力
    (D) 吃不下的食物可以分享給鄰座，才不浪費

子題 2 答案

1.(A)	2.(A)	3.(D)	4.(B)	5.(A)
6.(C)	7.(D)	8.(A)	9.(B)	10.(D)
11.(A)	12.(B)	13.(B)	14.(C)	15.(B)
16.(A)	17.(C)	18.(D)	19.(A)	20.(B)
21.(D)	22.(A)	23.(A)	24.(D)	25.(B)
26.(D)	27.(D)	28.(C)	29.(B)	30.(B)
31.(B)	32.(A)	33.(A)	34.(A)	35.(C)
36.(A)	37.(A)	38.(A)	39.(D)	40.(D)

子題 3 行銷基礎觀念

1. 行銷組合 (marketing mix) 中,所謂的 4P 不包括下列何者?
   (A) 人員 (People)　　(B) 產品 (Product)
   (C) 推廣 (Promotion)　　(D) 通路 (Place)

2. 下列哪一個組織屬於非營利組織?
   (A) 銘傳大學　　(B) 誠品書局
   (C) 中華航空　　(D) 7-11

3. 下列哪一個組織不屬於非營利組織?
   (A) 創世基金會　　(B) 長庚醫院
   (C) 誠品書店　　(D) 慈濟

4. 下列哪一個不屬於市場哲學?
   (A) 生產觀念　　(B) 行銷觀念
   (C) 財務觀念　　(D) 社會行銷

5. 近年來政府大力推動綠色觀光的概念,是何種行銷觀念下的產物?
   (A) 生產觀念　　(B) 行銷觀念
   (C) 產品觀念　　(D) 社會行銷

6. 在常見的五種市場哲學觀念中,認為最能盡低成本的方法便是透過大量生產來發揮規模經濟,是屬於何種市場哲學?
   (A) 生產觀念　　(B) 產品觀念
   (C) 財務觀念　　(D) 銷售觀念

7. 在常見的五種市場哲學觀念中,患了行銷近視病是屬於何種市場哲學?
   (A) 產品觀念　　(B) 生產觀念

(C) 財務觀念 (D) 銷售觀念

8. 在常見的五種市場哲學觀念中，認為組織必須積極進行銷售和促銷，是屬於何種市場哲學？
   (A) 生產觀念 (B) 行銷觀念
   (C) 財務觀念 (D) 銷售觀念

9. ＿＿＿＿＿＿是一套程序，經由有利於交換雙方和其他關係人的方式，來創造、溝通與傳達具有價值的產品給進行交換的對方。
   (A) 定位 (B) 行銷
   (C) 廣告 (D) 銷售

10. 人類所有的行為都是為了滿足：
    (A) 需要 (B) 慾求
    (C) 需求 (D) 偏好

11. ＿＿＿＿＿＿會受到風俗習慣和文化的影響而持續地被塑造與改變。
    (A) 需要 (B) 慾求
    (C) 需求 (D) 價值

12. 需要理論中，何者為人類最基本的身體保溫、飢渴、性的需要？
    (A) 生理需要 (B) 安全需要
    (C) 社會需要 (D) 尊重需要

13. 需要理論中，何者為人類最基本的自身安全和工作保障的需要？
    (A) 生理需要 (B) 安全需要
    (C) 社會需要 (D) 尊重需要

14. 需要理論中，何者被公司同事所接受？
    (A) 生理需要 (B) 安全需要
    (C) 社會需要 (D) 尊重需要

15. 需要理論中，何者被同學所肯定？
    (A) 自我實現需要 (B) 安全需要

(C) 社會需要　　　　　　　　　(D) 尊重需要

16. 需要理論中，何者是個人希望潛力能得到完全的發揮？
    (A) 自我實現需要　　　　　　(B) 安全需要
    (C) 社會需要　　　　　　　　(D) 尊重需要

17. 下列陳述中，何者不是馬斯洛的層級理論？
    (A) 低層次的需要必須先得到滿足　　(B) 高層次的需要不易獲得滿足
    (C) 人類的需要可以分為五類　　　　(D) 人類最基本的需要就是安全

18. 下列何者非為馬斯洛的需要理論中之內容？
    (A) 社會需要　　　　　　　　(B) 生理需要
    (C) 安全需要　　　　　　　　(D) 價值需要

19. 購買產品的人或組織稱之為：
    (A) 消費者　　　　　　　　　(B) 顧客
    (C) 直銷商　　　　　　　　　(D) 製造商

20. 行銷創造多項效用，例如：由於廠商的成本與目標顧客所獲得的效用之間往往不相等，因此，行銷人員可透過行銷活動來強化兩者之間的不對稱，這稱之為：
    (A) 價值效用　　　　　　　　(B) 時間效用
    (C) 形式效用　　　　　　　　(D) 組合效用

21. 下列何者不屬於行銷觀念？
    (A) 整體行銷　　　　　　　　(B) 顧客滿意
    (C) 顧客導向　　　　　　　　(D) 公司利潤

22. ＿＿＿＿＿＿是有效傳遞行銷的觀念給公司全體員工，使員工能以顧客導向的心態來服務顧客。
    (A) 內部行銷　　　　　　　　(B) 整體行銷
    (C) 外部行銷　　　　　　　　(D) 職能行銷

23. 下列何者不是社會行銷觀念所重視的要素？
    (A) 顧客需要　　　　　　　　(B) 社會福祉

(C) 生產流程　　　　　　　　　　(D) 公司利潤

24. 行銷學之父是：
    (A) 菲力普・科特勒 (Philip Kotler)　　(B) 彼得・杜拉克 (Peter Drucker)
    (C) 邁克・波特 (Michael Porter)　　　(D) 約翰・洛克菲勒 (John Rockefeller)

25. 下列哪一家企業成功運用生產觀念？
    (A) 小米　　　　　　　　　　　(B) 華碩
    (C) 鴻海　　　　　　　　　　　(D) HTC

26. 在大賣場中，消費者可以很方便就買到多項產品，如此是創造何種行銷的效益？
    (A) 價值效用　　　　　　　　　(B) 時間效用
    (C) 形式效用　　　　　　　　　(D) 組合效用

27. 行銷管理人員透過行銷活動，來調整因生產與消費時機的所造成的供需失調，如此是創造何種行銷的效益？
    (A) 價值效用　　　　　　　　　(B) 時間效用
    (C) 形式效用　　　　　　　　　(D) 組合效用

28. 行銷管理人員透過行銷活動，來調整因地理距離所造成的供需失調，如此是創造何種行銷的效益？
    (A) 價值效用　　　　　　　　　(B) 時間效用
    (C) 空間效用　　　　　　　　　(D) 資訊效用

29. 行銷管理人員透過行銷活動，來調整因廠商與目標顧客之間所存在的訊息不對稱，如此是創造何種行銷的效益？
    (A) 價值效用　　　　　　　　　(B) 時間效用
    (C) 空間效用　　　　　　　　　(D) 資訊效用

30. 韓國 LED 面板廠商是採用何種市場哲學來取得競爭優勢？
    (A) 生產觀念　　　　　　　　　(B) 行銷觀念
    (C) 產品觀念　　　　　　　　　(D) 社會行銷

子題 3 答案

1.(A)	2.(A)	3.(C)	4.(C)	5.(D)
6.(A)	7.(A)	8.(D)	9.(B)	10.(A)
11.(B)	12.(A)	13.(B)	14.(C)	15.(D)
16.(A)	17.(D)	18.(D)	19.(B)	20.(A)
21.(D)	22.(A)	23.(C)	24.(A)	25.(C)
26.(D)	27.(B)	28.(C)	29.(D)	30.(A)

子題 4
市場商機分析

1. ＿＿＿＿＿＿是指對組織的經營有直接與立即影響的環境因素。
   (A) 個體環境　　　　　　　　　(B) 總體環境
   (C) 行銷環境　　　　　　　　　(D) 以上皆非

2. ＿＿＿＿＿＿是指對組織的經營有間接影響的環境因素。
   (A) 個體環境　　　　　　　　　(B) 總體環境
   (C) 行銷環境　　　　　　　　　(D) 以上皆非

3. 下列哪一個不是個體經濟環境的主要成員？
   (A) 股東　　　　　　　　　　　(B) 工會
   (C) 競爭者　　　　　　　　　　(D) 科技

4. 下列哪一個不是總體經濟環境的主要成員？
   (A) 自然　　　　　　　　　　　(B) 科技
   (C) 公會　　　　　　　　　　　(D) 社會

5. ＿＿＿＿＿＿係指協助組織尋找顧客或銷售商品之公司。
   (A) 供應商　　　　　　　　　　(B) 中間商
   (C) 實體運配機構　　　　　　　(D) 製造商

6. ＿＿＿＿＿＿係指協助製造商儲存與運送產品的機構。
   (A) 供應商　　　　　　　　　　(B) 中間商
   (C) 實體運配機構　　　　　　　(D) 製造商

7. ＿＿＿＿＿＿係指供給生產廠商及其競爭者所需的原物料與零組件等資源的上游廠商。
   (A) 供應商　　　　　　　　　　(B) 中間商
   (C) 實體運配機構　　　　　　　(D) 製造商

8. 以下何者為非特殊利益團體？
   (A) 董氏基金會 　　　　　　　　　(B) 環境保護團體
   (C) 原住民團體 　　　　　　　　　(D) 主婦聯盟

9. 波特 (Michael Porter) 提出何理論來協助組織分析個體環境？
   (A) 五力分析 　　　　　　　　　　(B) 差異化分析
   (C) SWOT 　　　　　　　　　　　(D) 鑽石理論

10. 波特 (Michael Porter) 所提出五力分析來協助組織分析個體環境，下列何者為其中的五力？
    (A) 競爭者行銷威脅 　　　　　　(B) 競爭者創新威脅
    (C) 供應商的談判力量 　　　　　(D) 供應商物料的優勢

11. 下列非波特 (Michael Porter) 所提出五力分析？
    (A) 替代品的威脅 　　　　　　　(B) 潛在進入的威脅
    (C) 供應商的談判力量 　　　　　(D) 關係人的機會

12. 下列何者不是對總體環境的描述？
    (A) 總體環境的疆域很大 　　　　(B) 總體環境的徵候與訊號很微弱
    (C) 總體環境的監控時間很短 　　(D) 總體環境的因素難以控制

13. ＿＿＿＿＿＿是總體環境中最受重視。
    (A) 社會 　　　　　　　　　　　(B) 人口統計環境
    (C) 經濟 　　　　　　　　　　　(D) 兩岸

14. 下列何者為消費者市場的人口統計構面？
    (A) 人口壽命 　　　　　　　　　(B) 人口年齡結構
    (C) 人口教育程度 　　　　　　　(D) 以上皆是

15. 根據聯合國世界衛生組織對於「老齡化」的定義，幾歲以上老年人口占總人口的比例達百分之七時，稱為「高齡化社會」(aging society)？
    (A) 60 　　　　　　　　　　　　(B) 65
    (C) 70 　　　　　　　　　　　　(D) 75

子題 4　市場商機分析

16. 根據聯合國世界衛生組織對於「老齡化」的定義，六十五歲以上老年人口占總人口的比例達百分之幾時，稱為「高齡社會」(aged society)？
    (A) 10　　　　　　　　　　　　(B) 14
    (C) 18　　　　　　　　　　　　(D) 20

17. 根據聯合國世界衛生組織對於「老齡化」的定義，六十五歲以上老年人口占總人口的比例達百分之幾時，則稱為「超高齡社會」(super-aged society)？
    (A) 20　　　　　　　　　　　　(B) 18
    (C) 14　　　　　　　　　　　　(D) 10

18. 可支配所得意指：
    (A) 可隨意支配收入　　　　　　(B) 稅前收入
    (C) 家庭為單位的消費額　　　　(D) 稅後所得

19. 下列哪一個不是「少子化」會造成的影響？
    (A) 人口提早進入負成長　　　　(B) 人口結構逐漸變成倒三角形
    (C) 未來工作人口將逐漸減少　　(D) 未來工作機會將逐漸減少

20. _____為一個家庭的可支配所得扣除必須品支出後，剩餘之部分。
    (A) 可隨意支配收入　　　　　　(B) 稅前收入
    (C) 家庭為單位的消費額　　　　(D) 稅後所得

21. 下列何者為台灣人口結構的敘述？
    (A) 增長趨緩，每年以 0.1% 的增長　(B) 戶數在增長
    (C) 女多於男　　　　　　　　　(D) 65 歲以上的老人增多，漸趨於老齡化

22. 下列何者為亞洲最長壽的國家？
    (A) 日本　　　　　　　　　　　(B) 韓國
    (C) 台灣　　　　　　　　　　　(D) 中國大陸

23. _____在台灣經濟的比重日漸增加。
    (A) 服務業　　　　　　　　　　(B) 工業
    (C) 電子業　　　　　　　　　　(D) 農業

24. 組織面對多樣的競爭者，以層次來看，下列何者非競爭者的類型？
    (A) 欲望競爭者
    (B) 品牌競爭者
    (C) 本質競爭者
    (D) 產銷競爭者

25. ＿＿＿＿＿＿＿是員工所組成，其目的是為了爭取勞方的權益而進行勞資協商。
    (A) 商會
    (B) 利益團體
    (C) 工會
    (D) 股東

26. ＿＿＿＿＿＿＿是公司的出資人。
    (A) 商會
    (B) 利益團體
    (C) 董事會
    (D) 股東

27. 管理學之父是：
    (A) 菲力普・科特勒 (Philip Kotler)
    (B) 彼得・杜拉克 (Peter Drucker)
    (C) 邁克・波特 (Michael Porter)
    (D) 約翰・洛克菲勒 (John Rockefeller)

28. 下列公司何者非科技因素而淘汰？
    (A) EMI 唱片公司
    (B) Nokia
    (C) 任天堂
    (D) HTC

29. 一個國家的行動電話普及，是屬於總體環境中的哪一個內容？
    (A) 科技
    (B) 政治法律
    (C) 國家消費力
    (D) GDP

30. 波特 (Michael Porter) 提出五力分析的競爭理論是用來協助組織分析：
    (A) 個體環境
    (B) 整體團體
    (C) 區域環境
    (D) 以上皆是

31. 企業間彼此所進行的網路交易為何種交易行為？
    (A) B2B
    (B) B2C
    (C) C2B
    (D) C2C

32. 企業透過網站銷售商品至一般消費者為何種交易行為？
    (A) B2B
    (B) B2C

(C) C2B (D) C2C

33. 近年來在網路上銷售成功的成衣品牌Lativ和東京著衣，此種電子商務為何種類型？
    (A) B2B (B) B2C
    (C) C2B (D) C2C

34. 電子商務有多種類型，例如一個程式開發的設計師寫出一套程式，針對某特定企業有相當的幫助，而與企業間的買賣維護管理關係為何種交易行為？
    (A) B2B (B) B2C
    (C) C2B (D) C2C

35. 在拍賣網站上，企業建構網站成為中間商，促成消費者間的買賣，企業只收取仲介費或手續費，此種電子商務為何種類型？
    (A) B2B (B) B2C
    (C) C2B (D) C2C

子題 4 答案

1.(A)	2.(B)	3.(D)	4.(C)	5.(B)
6.(C)	7.(A)	8.(A)	9.(A)	10.(C)
11.(D)	12.(C)	13.(B)	14.(D)	15.(B)
16.(B)	17.(A)	18.(D)	19.(D)	20.(A)
21.(B)	22.(A)	23.(A)	24.(D)	25.(C)
26.(D)	27.(B)	28.(A)	29.(A)	30.(A)
31.(A)	32.(B)	33.(B)	34.(C)	35.(D)

主題二 行銷秘書應瞭解之市場分析技巧

子題 1	市場商情系統解析
子題 2	個人與家計單位之購買行為解析
子題 3	企業與中間商之購買行為解析
子題 4	如何鎖定目標顧客？

子題 1

市場商情系統解析

1. 企業因特定的需要,委外或是由企業收集之資料,稱為:
   (A) 正式調查資料　　　　　　　　(B) 學術研究資料
   (C) 初級資料　　　　　　　　　　(D) 次級資料

2. 企業得到來自行政院主計處所公佈的人口統計與消費相關之資料,係屬於:
   (A) 正式調查資料　　　　　　　　(B) 學術研究資料
   (C) 初級資料　　　　　　　　　　(D) 次級資料

3. 問卷問題為「請問您對於開放陸客自由行,是否對台灣觀光產業有所助益」,係為了解:
   (A) 事實　　　　　　　　　　　　(B) 意見
   (C) 知識　　　　　　　　　　　　(D) 行為

4. 「請勾選下列您認為台灣開放美國牛肉的影響有哪些?」這屬於何種問題?
   (A) 半開放　　　　　　　　　　　(B) 開放
   (C) 封閉　　　　　　　　　　　　(D) 半封閉

5. 下列何者主要是測試明確因果關係之方法,例如賣場的佈置會影響消費者之購物意願?
   (A) 觀察法　　　　　　　　　　　(B) 實驗法
   (C) 訪談法　　　　　　　　　　　(D) 調查法

6. 手機業者欲了解為何消費者會選擇其公司的新產品的理由,宜採取以下何種方法較佳?
   (A) 觀察法　　　　　　　　　　　(B) 實驗法
   (C) 訪談法　　　　　　　　　　　(D) 調查法

7. 下列何者不是隨機抽樣方式？
   (A) 配額抽樣　　　　　　　　　(B) 分層抽樣
   (C) 區域抽樣　　　　　　　　　(D) 系統抽樣

8. 下列何者不是定量研究方法？
   (A) 深入訪談法　　　　　　　　(B) 實驗研究法
   (C) 調查研究法　　　　　　　　(D) 封閉式問卷

9. 以下何種問卷調查方式的回收率最低？
   (A) 郵寄　　　　　　　　　　　(B) 網路
   (C) 電話　　　　　　　　　　　(D) 人員訪談

10. 下列何者為行銷研究的第一個步驟？
    (A) 界定研究問題與研究目的　　(B) 規劃研究流程
    (C) 闡述研究方向　　　　　　　(D) 進行資料蒐集

11. ＿＿＿＿＿是指某一資料蒐集工具能夠一致無誤地衡量相同的事物。
    (A) 信度　　　　　　　　　　　(B) 效度
    (C) 效標　　　　　　　　　　　(D) 抽樣程序

12. ＿＿＿＿＿是指資料蒐集工具在衡量上的正確性。
    (A) 信度　　　　　　　　　　　(B) 效度
    (C) 效標　　　　　　　　　　　(D) 抽樣程序

13. ＿＿＿＿＿是以樣本來代表母體。
    (A) 誤差　　　　　　　　　　　(B) 變異量
    (C) 效標　　　　　　　　　　　(D) 抽樣

14. ＿＿＿＿＿是以八至十位為樣本，來針對某一主題進行討論。
    (A) 焦點群體法　　　　　　　　(B) 實驗室實驗法
    (C) 實地實驗法　　　　　　　　(D) 深度訪談法

15. ＿＿＿＿＿為一種非結構式的訪談，促使受測樣本自由地暢談對於研究的主題。
    (A) 焦點群體法　　　　　　　　(B) 實驗室實驗法

(C) 實地實驗法　　　　　　　　　(D) 深度訪談法

16. 當樣本不能代表目標母體時，即產生：
    (A) 抽樣誤差　　　　　　　　　(B) 衡量誤差
    (C) 隨機誤差　　　　　　　　　(D) 非隨機誤差

17. ＿＿＿＿的方式能夠快速地接觸到大量的樣本。
    (A) 焦點群體法　　　　　　　　(B) 實驗室實驗法
    (C) 郵寄調查　　　　　　　　　(D) 街頭訪談

18. ＿＿＿＿是一種因果性的研究，即是尋找變數之間的因果關係。
    (A) 規範性研究　　　　　　　　(B) 探索性研究
    (C) 描述性研究　　　　　　　　(D) 以上皆非

19. ＿＿＿＿的重點在於蒐集與呈現事實的研究方法。
    (A) 規範性研究　　　　　　　　(B) 探索性研究
    (C) 描述性研究　　　　　　　　(D) 以上皆非

20. ＿＿＿＿主要在發現關於某一研究領域的研究創新或洞見。
    (A) 探索性研究　　　　　　　　(B) 規範性研究
    (C) 描述性研究　　　　　　　　(D) 以上皆非

21. 大學生畢業前撰寫的專題所進行的問卷調查是：
    (A) 初級資料　　　　　　　　　(B) 描述資料
    (C) 次級資料　　　　　　　　　(D) 觀察資料

22. 研究者欲了解兩岸服貿對於台灣之衝擊和影響，此種研究較屬於：
    (A) 探索性研究　　　　　　　　(B) 規範性研究
    (C) 描述性研究　　　　　　　　(D) 調查性研究

23. 研究者欲探討廣告效益而使用報紙或機構所作之收視率調查報告，此種資料為：
    (A) 初級資料　　　　　　　　　(B) 次級資料
    (C) 描述資料　　　　　　　　　(D) 觀察資料

24. 研究者常使用交通部觀光局所公布在網站的旅遊人數資料，此種資料為：
    (A) 初級資料 (B) 次級資料
    (C) 描述資料 (D) 觀察資料

25. 台灣哪一機構會定期公佈 GDP、消費物價指數等資料？
    (A) 觀光局 (B) 消基會
    (C) 主計處 (D) 財政局

26. HTC Desire 816 上市前詢問消費者對現階段市場上對於手機等相關資訊的認識，是屬於為了解：
    (A) 事實 (B) 意見
    (C) 知識 (D) 行為

27. 當手機公司在新款手機上市前，常需了解市場對於手機擁有的使用情形，例如：「請問你現在的手機品牌？」是屬於為了解：
    (A) 事實 (B) 意見
    (C) 知識 (D) 行為

28. 行銷研究計畫的擬定，所有程序步驟必須依照所要研究的哪一項內容來決定？
    (A) 研究問題 (B) 研究設計
    (C) 問卷發展 (D) 資料結果

29. 研究者所使用的數據是來自於其他單位已經完成的研究報告或資料，稱之為：
    (A) 初級資料 (B) 次級資料
    (C) 描述資料 (D) 觀察資料

30. 我們經常在政府網路上或是向相關單位購買所得到的現成資料即是：
    (A) 初級資料 (B) 次級資料
    (C) 描述資料 (D) 觀察資料

31. 下列何者非取得第二手資料時，研究者所應考量的因素？
    (A) 取得容易度 (B) 時效性
    (C) 公正性 (D) 平等性

32. 下列何者非取得第二手資料時,研究者所應考量的因素?
    (A) 成本
    (B) 正確性
    (C) 公開性
    (D) 及時性

33. 一般而言,研究者在進行研究前會先尋找下列何種資料?
    (A) 初級資料
    (B) 次級資料
    (C) 質化資料
    (D) 量化資料

34. 以下何種理論是建立企業與顧客間的資訊系統,過程是著重於對於個別顧客詳細資料的管理,以期提高顧客滿意度?
    (A) 顧客剖面管理
    (B) 顧客滿意管理
    (C) 顧客標竿管理
    (D) 顧客關係管理

35. 下列何者不是顧客關係管理所用的資訊科技工具?
    (A) POS (Point of Sale)
    (B) SCM (Supply Chain Management)
    (C) Computer telephony integration center
    (D) ERP (Enterprise Resource Plan)

36. 以下哪一個方法是透過消費者的行為或意見來瞭解消費者本身對產品或產品的相關的問題?
    (A) 層級分析法
    (B) 修正式德菲法
    (C) 資料庫管理
    (D) 焦點團體訪談法

37. 下列何者為定性(質化)的研究方法?
    (A) 實驗法
    (B) 問卷調查法
    (C) 論述分析
    (D) 時間數列分析

38. 下列何者為定量(量化)的研究方法?
    (A) 個案研究
    (B) 論述分析
    (C) 問卷調查
    (D) 田野調查

39. 顧客關係管理中為了吸引老顧客來採購公司其他的產品,以擴大其對本公司的淨值貢獻,稱為:
    (A) 交叉銷售
    (B) 進階銷售

(C) 顧客銷售 (D) 資料銷售

40. 顧客關係管理中為了在適當時機向顧客促銷更新、更好、更貴的同類產品,稱為:
(A) 進階銷售 (B) 交叉銷售
(C) 顧客銷售 (D) 資料銷售

子題 1 答案

1.(C)	2.(D)	3.(B)	4.(C)	5.(B)
6.(C)	7.(A)	8.(A)	9.(B)	10.(A)
11.(A)	12.(B)	13.(D)	14.(A)	15.(D)
16.(A)	17.(C)	18.(A)	19.(C)	20.(A)
21.(A)	22.(A)	23.(B)	24.(B)	25.(C)
26.(C)	27.(A)	28.(A)	29.(B)	30.(B)
31.(D)	32.(C)	33.(B)	34.(D)	35.(A)
36.(D)	37.(C)	38.(C)	39.(A)	40.(A)

子題 2

個人與家計單位之購買行為解析

1. 消費者的購買決策程序中,何者為第一步驟?
   (A) 問題確認
   (B) 資料蒐集
   (C) 購買決策
   (D) 行銷分析

2. 當某些刺激或訊息根本沒有被消費者所接觸,這是一種什麼現象?
   (A) 選擇性展露 (selective exposure)
   (B) 選擇性注意 (selective attention)
   (C) 選擇性扭曲 (selective distortion)
   (D) 選擇性記憶 (selective retention)

3. 當某些刺激或訊息會因為自身的興趣或態度而對某些刺激特別注意,這種現象叫做:
   (A) 選擇性展露 (selective exposure)
   (B) 選擇性注意 (selective attention)
   (C) 選擇性扭曲 (selective distortion)
   (D) 選擇性記憶 (selective retention)

4. 當某些刺激或訊息會因為自身的感覺或信念而相衝突,進而改變或曲解,這種現象叫做:
   (A) 選擇性展露 (selective exposure)
   (B) 選擇性注意 (selective attention)
   (C) 選擇性扭曲 (selective distortion)
   (D) 選擇性記憶 (selective retention)

5. 當某些刺激或訊息會因為自身的論點相符合而特別記得清楚,這種現象叫做:
   (A) 選擇性展露 (selective exposure)
   (B) 選擇性注意 (selective attention)
   (C) 選擇性扭曲 (selective distortion)
   (D) 選擇性記憶 (selective retention)

6. 消費者進行選擇、組織與解釋資訊,給予形成有意義圖像的過程,被稱做:
   (A) 認知
   (B) 信念
   (C) 知覺
   (D) 動機

7. 消費者針對某一特定的對象,對所學習到的一種持續性反應傾向的過程,被稱做:

(A) 認知 　　　　　　　　　　(B) 信念
(C) 知覺 　　　　　　　　　　(D) 態度

8. 若消費者認為「我喜歡看購物頻道」，這是一種：
   (A) 認知 　　　　　　　　　(B) 信念
   (C) 知覺 　　　　　　　　　(D) 態度

9. ＿＿＿＿是指一個人對某些事物所持有的描述性看法。
   (A) 信念 　　　　　　　　　(B) 認知
   (C) 知覺 　　　　　　　　　(D) 動機

10. 下列哪一項為消費者涉入程度最高的產品？
    (A) 洗髮精 　　　　　　　　(B) 牙膏
    (C) 手機 　　　　　　　　　(D) 教科書

11. 下列哪一項為消費者涉入程度最低的產品？
    (A) 電視機 　　　　　　　　(B) 牙線
    (C) 手機 　　　　　　　　　(D) Notebook

12. 下列何者不是馬斯洛需要層級裡所定義的人類需要？
    (A) 生理需要 　　　　　　　(B) 安全需要
    (C) 社會需要 　　　　　　　(D) 心理需要

13. 下列非影響消費者行為的心理因素？
    (A) 認知 　　　　　　　　　(B) 信念
    (C) 知覺 　　　　　　　　　(D) 人格

14. ＿＿＿＿是社會影響個人行為的最重要方式。
    (A) 文化 　　　　　　　　　(B) 年齡
    (C) 所得 　　　　　　　　　(D) 態度

15. 下列非消費者行為的微觀因素？
    (A) 動機 　　　　　　　　　(B) 價值
    (C) 文化 　　　　　　　　　(D) 人格

16. 下列哪一個購買決策階段會影響消費者的滿意度？
    (A) 廣告方式　　　　　　　　　　(B) 行銷手法
    (C) 方案評估與選擇　　　　　　　(D) 消費

17. 消費決策過程中有不同的角色，何者會提出意見並左右購買決策？
    (A) 提議者　　　　　　　　　　　(B) 出資者
    (C) 影響者　　　　　　　　　　　(D) 購買者

18. 下列何者為影響消費者行為的宏觀因素？
    (A) 次文化　　　　　　　　　　　(B) 人格特質
    (C) 價值理念　　　　　　　　　　(D) 生活型態

19. 下列哪一種因素會決定消費者購買決策型態？
    (A) 涉入程度　　　　　　　　　　(B) 知覺風險
    (C) 從眾行為　　　　　　　　　　(D) 人格特質

20. 下列何者可以藉由個人的活動、興趣與意見來加以辨別？
    (A) 生活型態　　　　　　　　　　(B) 人格特質
    (C) 價值動機　　　　　　　　　　(D) 信念態度

21. 什麼是指直接或間接影響個人購買行為的正式或非正式團體？
    (A) 參考群體　　　　　　　　　　(B) 社會階層
    (C) 族群　　　　　　　　　　　　(D) 意見領袖

22. 費雪賓模式 (Fishbein model) 中，是幫助消費者建立：
    (A) 行銷控制的資訊來源　　　　　(B) 替代方案評估
    (C) 制定購買決策　　　　　　　　(D) 評估實際購買行為

23. 費雪賓模式 (Fishbein model) 中，不包含下列哪一個項目？
    (A) 信念　　　　　　　　　　　　(B) 認知
    (C) 屬性　　　　　　　　　　　　(D) 態度

24. 非行銷控制的資訊來源中，不包含下列哪一個項目？
    (A) 個人體驗來源　　　　　　　　(B) 個人人脈來源

(C) 個人信念　　　　　　　　　　(D) 公共來源

25. 什麼是指一些經常影響他人態度或意見的人？
    (A) 參考群體　　　　　　　　　(B) 社會階層
    (C) 族群　　　　　　　　　　　(D) 意見領袖

26. 什麼是指當個體受到群體的影響，會懷疑並改變自己的觀點、判斷和行為，朝著與群體大多數人一致的方向變化？
    (A) 參考群體　　　　　　　　　(B) 月暈效應
    (C) 從眾效應　　　　　　　　　(D) 意見領袖

27. 影響消費行為的社會因素除了家庭、角色與地位外，還包括：
    (A) 人格　　　　　　　　　　　(B) 生活型態
    (C) 虛擬群體　　　　　　　　　(D) 信念與態度

28. 消費者在購買商品時，常會重視他人的態度，主要是這個因素可能會帶來何種風險，而此風險會不利於社會關係與個人形象？
    (A) 知覺風險　　　　　　　　　(B) 社會風險
    (C) 購物風險　　　　　　　　　(D) 財務風險

29. ＿＿＿＿＿是指社會分層上被認為具有相同社會地位的一群人，它們是按等級排列的，每一階層成員具有類似的偏好、興趣和行為模式。
    (A) 社會階層　　　　　　　　　(B) 參考群體
    (C) 社會區隔　　　　　　　　　(D) 概念群體

30. ＿＿＿＿＿是描述態度改變的說服理論模型，意謂個人對於議題攸關的資訊仔細思量、深思熟慮的程度。
    (A) 周邊路徑模式
    (B) 途徑選擇模式
    (C) 推敲可能性模式 (Elaboration Likelihood Model)
    (D) 邊陲路徑模式

31. 小美的好友們都是用 iPhone 手機，所以小美最近也購買了一支 iPhone 手機。小美

的好友們對小美購買了 iPhone 手機決策的影響是＿＿＿＿的影響。
(A) 仰慕群體　　　　　　　　　　(B) 參考團體
(C) 意見領袖　　　　　　　　　　(D) 虛擬群體

32. 廠商常藉由發送樣品，希望消費者未來能購買該產品，這是希望產生以下何種學習效果？
(A) 經驗式學習　　　　　　　　　(B) 觀念式學習
(C) 類化式學習　　　　　　　　　(D) 區別式學習

33. 小明原先想嘗試購買最近新上市的飲品，然而，他的同學說這種飲料不好喝，所以小明決定不購買，這是產生以下何種學習效果？
(A) 經驗式學習　　　　　　　　　(B) 觀念式學習
(C) 類化式學習　　　　　　　　　(D) 區別式學習

34. 美美因為喜歡香奈兒品牌的手提包，所以進而喜歡香奈兒的香水、服飾，這是產生以下何種學習效果？
(A) 經驗式學習　　　　　　　　　(B) 觀念式學習
(C) 類化式學習　　　　　　　　　(D) 區別式學習

35. 廣告的背景常使用非常動聽的音樂，希望吸引消費者留意這廣告，這種現象是因為：
(A) 選擇性注意　　　　　　　　　(B) 選擇性扭曲
(C) 選擇性保留　　　　　　　　　(D) 選擇性解讀

36. 三菱汽車 RV 系列中的廣告，訴求「家庭」、「溫情」與「親情」，請問這是試圖連結哪一種需要？
(A) 生理需要　　　　　　　　　　(B) 安全需要
(C) 社會需要　　　　　　　　　　(D) 尊重需要

37. 小偉認為 Made in Japan 的電器用品品質好，請問小偉是在表達他的：
(A) 認知　　　　　　　　　　　　(B) 信念
(C) 知覺　　　　　　　　　　　　(D) 態度

38. 麗麗是位名媛，她認為只有名牌服飾才能襯托出她的身分地位。請問這是受到何種因素的影響？
    (A) 自我概念 (B) 人格特質
    (C) 價值動機 (D) 信念態度

39. 有些網路購物的賣家會針對累積購買金額超過特定門檻的網友提供免運費的優待，請問這是何種修正行為方法？
    (A) 正面強化 (B) 負面強化
    (C) 贈品行銷 (D) 從眾行為

40. 在購買衛生紙時，小美選擇最近的商店，花費較少的時間，也並未考慮品牌差異或進行品牌比較，請問衛生紙這個商品對小美而言是：
    (A) 便利品   (B) 選購品
    (C) 急需品   (D) 機動品

41. 在大賣場中，5歲的小明向媽媽吵著要買洋芋片但被媽媽拒絕了，然而，爸爸決定出錢買洋芋片給小明，小明才停止哭鬧。請問在此一購買情境中，爸爸並非下列何種角色？
    (A) 決策者   (B) 提議者
    (C) 出錢者   (D) 購買者

42. 冰淇淋業者推出一則廣告，場景為強調冬天吃火鍋時搭配冰淇淋，口感更佳，但在這以前消費者並不會有這種想法，所以該則廣告的目的是在改變消費者的：
    (A) 認知   (B) 信念
    (C) 知覺   (D) 態度

43. 消費者對一項新產品、新事物或新觀念所採用過程包含五個步驟，請問正確的先後順序為何？
    (A) 知曉→試用→興趣→評估→採用   (B) 試用→知曉→評估→興趣→採用
    (C) 知曉→興趣→評估→試用→採用   (D) 知曉→興趣→評估→採用→試用

44. 根據馬斯洛的需求層級理論，人們內心的需求包括：(1)社會需求、(2)安全需求、(3)自我實現需求、(4)自尊需求、(5)生理需求。請從最基本到最高層次的需求排序：

(A) (2) → (5) → (1) → (4) → (3)　　(B) (5) → (4) → (2) → (3) → (1)
(C) (5) → (2) → (1) → (4) → (3)　　(D) (4) → (5) → (1) → (3) → (2)

45. 廣告中常使用古典制約理論，這是希望連結：
    (A) 學習　　(B) 認知
    (C) 知覺　　(D) 心理

子題 2 答案

1.(A)	2.(A)	3.(B)	4.(C)	5.(D)
6.(C)	7.(D)	8.(D)	9.(A)	10.(C)
11.(B)	12.(D)	13.(D)	14.(A)	15.(C)
16.(D)	17.(C)	18.(A)	19.(A)	20.(A)
21.(A)	22.(B)	23.(B)	24.(C)	25.(D)
26.(C)	27.(C)	28.(B)	29.(A)	30.(C)
31.(B)	32.(A)	33.(B)	34.(C)	35.(A)
36.(C)	37.(B)	38.(A)	39.(A)	40.(A)
41.(B)	42.(A)	43.(C)	44.(C)	45.(A)

子題 3

企業與中間商之購買行為解析

1. 下列何者不是組織市場類型？
   (A) 企業市場 (B) 消費市場
   (C) 政府市場 (D) 機構市場

2. 組織市場不包括下列何者？
   (A) 製造商 (B) 零售商
   (C) 政府機構 (D) 以上皆是

3. 將所取得的產品或服務，經過生產加工，再將其銷售，或供應其它組織的市場類型為：
   (A) 企業市場 (B) 中間商市場
   (C) 政府市場 (D) 機構市場

4. 從製造商所取得之商品，再行轉賣的組織市場型態稱為：
   (A) 企業市場 (B) 中間商市場
   (C) 政府市場 (D) 機構市場

5. 量販店的大潤發、家樂福、愛買屬於何種組織市場型態？
   (A) 企業市場 (B) 中間商市場
   (C) 政府市場 (D) 機構市場

6. 下列何者不是「組織市場」的特色？
   (A) 購買者數目較少 (B) 購買者集中
   (C) 購買頻率次數多 (D) 購買量較大

7. 相對於組織市場，下列何者不是消費者市場的特色？
   (A) 購買者數目較多 (B) 購買者集中

(C) 購買頻率次數多 　　　　　　　(D) 非專家購買

8. 相對於消費者市場，下列何者不是企業市場的購買行為特性？
   (A) 專業性購買 　　　　　　　　(B) 具有地域性集中的現象
   (C) 買賣雙方的關係密切 　　　　(D) 需求較具彈性

9. 相對於「企業市場」，「消費者市場」的購買行為特性為：
   (A) 通常面對較複雜的購買決策 　(B) 購買頻率次數多
   (C) 購買者數目較少 　　　　　　(D) 需求較不具彈性

10. 相對於「消費者市場」，「企業市場」的需求特性為：
    (A) 需求彈性較高 　　　　　　　(B) 小波動的需求
    (C) 引申性需求 　　　　　　　　(D) 非引申性需求

11. 我們通常稱購買組織的購買決策單位為：
    (A) 企業購買者 　　　　　　　　(B) 供應商開發中心
    (C) 採購中心 　　　　　　　　　(D) 供應商開發系統

12. 下列何者不是組織市場購買的類型？
    (A) 直接重購 　　　　　　　　　(B) 選擇性採購
    (C) 新任務購買 　　　　　　　　(D) 修正再購

13. 組織購買者於購買時所採取最簡單，也是最普遍購買類型稱之為：
    (A) 直接重購 　　　　　　　　　(B) 選擇性採購
    (C) 新任務購買 　　　　　　　　(D) 修正再購

14. 組織購買者要求採購部門供應商修改過去曾購買設備的產品規格或交易條件，此類購買稱為：
    (A) 直接重購 　　　　　　　　　(B) 選擇性採購
    (C) 新任務購買 　　　　　　　　(D) 修正再購

15. 組織購買者購買那些單價較高，且公司過往沒有相關購買經驗，此類購買稱為：
    (A) 直接重購 　　　　　　　　　(B) 選擇性採購
    (C) 新任務購買 　　　　　　　　(D) 修正再購

16. 下列哪種採購情境,是行銷人員最大的機會,也是最大的挑戰?
    (A) 直接重購
    (B) 選擇性採購
    (C) 新任務購買
    (D) 修正再購

17. 面臨較高採購風險,參與購買決策的人員需較多,且需廣泛搜尋資訊的組織購買類型為:
    (A) 直接重購
    (B) 選擇性採購
    (C) 新任務購買
    (D) 修正再購

18. 技術的、經濟的、政治的、法律的和文化的環境是影響組織市場購買的什麼因素?
    (A) 環境因素
    (B) 組織因素
    (C) 人際因素
    (D) 個人因素

19. 購買者的目標採購政策資源及採購中心的規模與成員是影響組織市場購買的什麼因素?
    (A) 環境因素
    (B) 組織因素
    (C) 人際因素
    (D) 個人因素

20. 組織購買參與者成員的教育程度、對風險態度、個性及偏好,是影響組織市場購買的什麼因素?
    (A) 環境因素
    (B) 組織因素
    (C) 人際因素
    (D) 個人因素

21. 組織購買參與者成員的專業性、在組織的位階及影響力,是影響組織市場購買的什麼因素?
    (A) 環境因素
    (B) 組織因素
    (C) 人際因素
    (D) 個人因素

22. 首先提出購買建議的人,意識到企業所面臨的問題,是組織購買者的何種角色?
    (A) 發起者
    (B) 把關者
    (C) 使用者
    (D) 購買者

23. 安排或選擇供應商之人,他們負責協商或談判交易的條件,是組織購買者的何種角

色？
(A) 發起者 (B) 把關者
(C) 使用者 (D) 購買者

24. 引發購買過程，也常是最初規格制定者，是組織購買者的何種角色？
(A) 發起者 (B) 把關者
(C) 使用者 (D) 購買者

25. 負責控制資訊流入與流出的人，是組織購買者的何種角色？
(A) 發起者 (B) 把關者
(C) 使用者 (D) 購買者

26. 下列何者不是影響組織購買決策過程的因素？
(A) 環境因素 (B) 組織因素
(C) 人際因素 (D) 心理因素

27. 下列何者不是影響組織購買決策過程中的組織因素？
(A) 購買風格 (B) 企業購買政策
(C) 企業技術水準 (D) 購買中心成員

28. 影響組織購買者的經濟因素，包括下列何者？
(A) 對未來景氣展望 (B) 現有需求水準
(C) 資金取得成本 (D) 以上皆是

29. 對於企業行銷人員而言，下列哪一項影響組織購買因素中，是最難掌握及評估的？
(A) 環境因素 (B) 人際因素
(C) 組織因素 (D) 個人因素

30. 通常組織市場購買決策程序的第一個階段為何？
(A) 尋找供應商 (B) 決定產品規格
(C) 一般需求描述 (D) 問題的確認

31. 通常組織市場購買決策程序的最後一個階段為何？
(A) 績效評估 (B) 決定產品規格

(C) 選擇供應商 (D) 正式訂購

32. 組織市場購買決策程序的哪一階段，通常會進行價值工程分析？
    (A) 尋找供應商 (B) 決定產品規格
    (C) 一般需求描述 (D) 問題的確認

33. 行銷人員運用廣告宣傳自家產品，引發企業正視自身問題所在，是在組織市場購買決策程序的哪一階段？
    (A) 尋找供應商 (B) 決定產品規格
    (C) 一般需求描述 (D) 問題的確認

34. 組織市場購買決策程序中，「決定產品規格」程序的下一階段為何？
    (A) 尋找供應商 (B) 徵求報價
    (C) 一般需求描述 (D) 問題的確認

35. 組織市場購買決策程序中的哪一階段，會邀請一些合格的供應商作正式的簡報？
    (A) 尋找供應商 (B) 徵求報價
    (C) 一般需求描述 (D) 問題的確認

子題 3 答案

1.(B)	2.(D)	3.(A)	4.(B)	5.(B)
6.(C)	7.(B)	8.(D)	9.(B)	10.(C)
11.(C)	12.(B)	13.(A)	14.(D)	15.(C)
16.(C)	17.(C)	18.(A)	19.(B)	20.(D)
21.(C)	22.(A)	23.(D)	24.(C)	25.(B)
26.(D)	27.(A)	28.(D)	29.(A)	30.(D)
31.(A)	32.(B)	33.(D)	34.(A)	35.(B)

子題 4
如何鎖定目標顧客？

1. 下列何者指的是「將市場區分為不同的購買群,並對各個市場加以描述,以進行目標行銷」?
   (A) 市場差異化
   (B) 目標市場選擇
   (C) 市場定位
   (D) 市場區隔化

2. 公司認為整個市場為單一的同質市場,並採生產導向的經營哲學,是採取何種行銷方式?
   (A) 大眾化行銷
   (B) 區隔化行銷
   (C) 集中化行銷
   (D) 個人行銷

3. 公司認為整個市場為單一的同質市場,公司僅須採行一套行銷組合,是採取何種行銷方式?
   (A) 大眾化行銷
   (B) 區隔化行銷
   (C) 集中化行銷
   (D) 個人行銷

4. 公司將廣大市場加以區隔,決定同時進入兩個以上的市場,並調整公司的行銷組合策略,是採取何種行銷方式?
   (A) 大眾化行銷
   (B) 區隔化行銷
   (C) 集中化行銷
   (D) 個人行銷

5. 若公司發展一套行銷組合,以滿足某一特定區隔消費者的需要與偏好,是採取何種行銷方式?
   (A) 大眾化行銷
   (B) 區隔化行銷
   (C) 集中化行銷
   (D) 個人行銷

6. 有些規模較小的公司,以其有限的資源集中服務某一區隔市場,又稱利基行銷,是何種行銷方式?

(A) 大眾化行銷 (B) 區隔化行銷
(C) 集中化行銷 (D) 個人行銷

7. 行銷人員針對個人的偏好與購買習性,設計獨特的行銷組合,是採取何種行銷方式?
   (A) 大眾化行銷 (B) 區隔化行銷
   (C) 集中化行銷 (D) 個人行銷

8. 寶僑公司擁有飛柔、沙宣、潘婷、海倫仙度絲等知名品牌,各品牌具有獨特的品牌形象,以滿足不同市場區隔的偏好,是採取何種行銷方式?
   (A) 大眾化行銷 (B) 差異化行銷
   (C) 集中化行銷 (D) 個人行銷

9. 下列何種行銷方式,又稱為客製化行銷、小眾行銷?
   (A) 大眾化行銷 (B) 差異化行銷
   (C) 集中化行銷 (D) 個人行銷

10. 每個區隔市場的規模大小及購買力,可被衡量的程度,為有效市場區隔的哪一項準則?
    (A) 足量性 (B) 異質性
    (C) 可回應性 (D) 可衡量性

11. 行銷人員對於所形成的市場區隔,找到可進入的區隔市場,並能有效地服務的程度,為有效市場區隔的哪一項準則?
    (A) 足量性 (B) 可行動性
    (C) 可回應性 (D) 可衡量性

12. 行銷人員對於所形成的市場區隔,擬定有效的行銷方案,並服務該市場區隔的程度,為有效市場區隔的哪一項準則?
    (A) 足量性 (B) 可行動性
    (C) 可回應性 (D) 可衡量性

13. 經市場區隔後,顧客的多寡或購買力必須夠大,以保證其能支持某一特定的行銷組

合活動,為有效市場區隔的哪一項準則?
(A) 足量性　　　　　　　　　　(B) 可行動性
(C) 可回應性　　　　　　　　　(D) 可衡量性

14. 經由市場區隔化,各市場區隔,應具有不同的偏好與需要,為有效市場區隔的哪一項準則?
(A) 足量性　　　　　　　　　　(B) 異質性
(C) 可回應性　　　　　　　　　(D) 可衡量性

15. 下列何者不是市場區隔的評估準則?
(A) 可分割性　　　　　　　　　(B) 異質性
(C) 可回應性　　　　　　　　　(D) 可衡量性

16. ＿＿＿＿最常使用於區隔消費者市場,很多廠商喜歡採用,做為區隔的變數。
(A) 地理變數　　　　　　　　　(B) 行為變數
(C) 心理變數　　　　　　　　　(D) 人口統計變數

17. 年齡、性別、所得、教育程度、家庭生命週期,屬於哪一種市場區隔變數?
(A) 地理變數　　　　　　　　　(B) 行為變數
(C) 心理變數　　　　　　　　　(D) 人口統計變數

18. 根據消費者之動機、生活型態或人格特質,將市場區隔成不同之群體,屬於哪一種市場區隔變數?
(A) 地理變數　　　　　　　　　(B) 行為變數
(C) 心理變數　　　　　　　　　(D) 人口統計變數

19. 根據消費者對產品的知識、追求的利益、使用率及忠誠度,將市場區隔成不同之群體,屬於哪一種市場區隔變數?
(A) 地理變數　　　　　　　　　(B) 行為變數
(C) 心理變數　　　　　　　　　(D) 人口統計變數

20. 以下何者不是行銷人員用以區隔市場的行為變數?
(A) 生活方式　　　　　　　　　(B) 追求的利益

(C) 產品使用時機　　　　　　　(D) 消費者的態度

21. 下列何種市場區隔變數最能有效預測消費者決策與行為上的差異？
    (A) 地理變數　　　　　　　　(B) 行為變數
    (C) 心理變數　　　　　　　　(D) 人口統計變數

22. 下列何者不是用以區隔市場的人口統計變數？
    (A) 家庭生命週期　　　　　　(B) 教育程度
    (C) 個人生活型態　　　　　　(D) 所得水準

23. 下列何種市場區隔變數可依城市大小、人口密度、都市化程度和氣候等做為區隔的變數？
    (A) 地理變數　　　　　　　　(B) 行為變數
    (C) 心理變數　　　　　　　　(D) 人口統計變數

24. 下列何者不是用以區隔市場的心理變數？
    (A) 人格特質　　　　　　　　(B) 社會階層
    (C) 個人生活型態　　　　　　(D) 使用情境

25. 下列何者不是用以區隔市場的行為變數？
    (A) 使用時機　　　　　　　　(B) 對產品的態度
    (C) 生活型態　　　　　　　　(D) 使用情境

26. 化妝品、服飾與雜誌等產品或服務，最常以何種變數來區隔市場？
    (A) 性別　　　　　　　　　　(B) 所得
    (C) 年齡　　　　　　　　　　(D) 人格

27. 對於企業市場而言，下列何者是可用的市場區隔變數？
    (A) 企業理念　　　　　　　　(B) 氣候
    (C) 買賣雙方距離　　　　　　(D) 採購的用途

28. 對於企業市場而言，下列何者不是可用的市場區隔變數？
    (A) 顧客的營運特性　　　　　(B) 公司規模
    (C) 企業理念　　　　　　　　(D) 採購的用途

29. 中華電信對於深夜用戶有減價的優惠，是針對何種區隔變數所推出的促銷活動？
    (A) 使用時機
    (B) 使用情境
    (C) 使用者狀態
    (D) 使用頻率

30. 中華電信推出不同的月租費及費率方案，是針對何種區隔變數所推出的促銷活動？
    (A) 使用時機
    (B) 使用情境
    (C) 使用頻率
    (D) 使用者狀態

31. 下列何者是依據消費者的欲望與需求，使其可獲得某種心理滿足的市場區隔變數？
    (A) 生活型態
    (B) 使用量
    (C) 使用者狀態
    (D) 追求的利益

32. 下列何者是依據消費者對產品的購買量和消費量來區隔市場的市場區隔變數？
    (A) 生活型態
    (B) 使用頻率
    (C) 使用者狀態
    (D) 追求的利益

33. 通常汽車、服飾、旅遊服務及理財商品，最常以何種變數來區隔市場？
    (A) 性別
    (B) 所得
    (C) 年齡
    (D) 家庭生命週期

34. 航空公司的累積飛行哩程數，及信用卡公司累積點數是針對何種區隔變數所推出的促銷活動？
    (A) 使用時機
    (B) 使用情境
    (C) 使用頻率
    (D) 忠誠狀態

35. 巧克力、鮮花、禮品之類的產品，常利用一些特殊的節日推出促銷活動，會使用何種區隔變數？
    (A) 使用時機
    (B) 使用情境
    (C) 使用頻率
    (D) 使用者狀態

36. 下列何者不是企業的選擇目標市場時所考慮的因素？
    (A) 區隔市場規模
    (B) 區隔市場的結構
    (C) 區隔市場的差異
    (D) 區隔市場成長率

37. 下列何者不是企業選擇目標市場時所考慮的因素？
    (A) 企業產品的規格　　　　　　　(B) 顧客數目
    (C) 所接觸的媒體　　　　　　　　(D) 偏好的購買據點

38. 下列何者不是企業選擇目標市場時所考慮的因素？
    (A) 替代品的威脅　　　　　　　　(B) 同業產品的規格
    (C) 目前競爭者的競爭程度　　　　(D) 潛在新進者的威脅

39. 當企業想要將其提供物與競爭者差異化時，下列何者是製造差異化的途徑？
    (A) 產品差異化　　　　　　　　　(B) 通路差異化
    (C) 形象差異化　　　　　　　　　(D) 以上皆是

40. 一項值得企業建立的差異化因素，應該符合下列何種標準？
    (A) 獲利性　　　　　　　　　　　(B) 傳達性
    (C) 先佔性　　　　　　　　　　　(D) 以上皆是

41. 以下何者並非行銷人員進行服務差異化時可使用的變數？
    (A) 快速　　　　　　　　　　　　(B) 便利
    (C) 屬性　　　　　　　　　　　　(D) 安全可靠

42. 「吉列牌——男士們所能得到的最好的」，屬於何種定位方式？
    (A) 產品屬性與功能　　　　　　　(B) 產品競爭者
    (C) 產品利益與用途　　　　　　　(D) 產品使用者

43. 悅氏油切綠茶訴求解除油，並能阻止脂肪的屯積，此一品牌定位最可能是以下何者做為定位基礎？
    (A) 產品屬性與功能　　　　　　　(B) 產品競爭者
    (C) 產品利益與用途　　　　　　　(D) 產品使用者

44. 紅牛 (Red Bull) 飲料，其定位是「累了睏了喝紅牛」，以下何者為其定位基礎？
    (A) 產品屬性與功能　　　　　　　(B) 使用時機與場合
    (C) 產品利益與用途　　　　　　　(D) 產品使用者

45. 美國西南航空公司以低價吸引顧客選擇搭乘，此法屬於何種定位方式？

(A) 產品屬性與功能　　　　　　　　(B) 產品競爭者
(C) 產品利益與用途　　　　　　　　(D) 產品使用者

46. 「SKII 使您肌膚閃閃發亮、晶瑩剔透，可抗老防皺」的廣告文宣，以下何者為其定位基礎？
    (A) 產品屬性與功能　　　　　　　　(B) 產品競爭者
    (C) 產品利益與用途　　　　　　　　(D) 產品使用者

47. 若以價格與利益來顯示讓公司有競爭優勢與差異化的定位，下列哪一個不是可能的價值主張？
    (A) 高利益、高價格　　　　　　　　(B) 高利益、同價格
    (C) 同利益、同價格　　　　　　　　(D) 同利益、低價格

48. 若以價格與利益來顯示讓公司有競爭優勢與差異化的定位，下列哪一個是可能的價值主張？
    (A) 低利益、同價格　　　　　　　　(B) 低利益、超低價格
    (C) 同利益、同價格　　　　　　　　(D) 同利益、高價格

49. 下列何者不是企業常用的定位基礎？
    (A) 產品屬性與功能　　　　　　　　(B) 產品競爭者
    (C) 產品利益與用途　　　　　　　　(D) 使用者年齡

50. 下列何者不是企業常用的定位基礎？
    (A) 產品競爭者　　　　　　　　　　(B) 產品屬性與功能
    (C) 產品廣告訴求方式　　　　　　　(D) 產品類別

子題 4 答案

1.(D)	2.(A)	3.(A)	4.(B)	5.(C)
6.(C)	7.(D)	8.(B)	9.(D)	10.(D)
11.(C)	12.(B)	13.(A)	14.(B)	15.(A)
16.(D)	17.(D)	18.(C)	19.(B)	20.(A)
21.(B)	22.(C)	23.(A)	24.(D)	25.(C)
26.(A)	27.(D)	28.(C)	29.(B)	30.(C)
31.(D)	32.(B)	33.(B)	34.(D)	35.(A)
36.(C)	37.(A)	38.(B)	39.(D)	40.(D)
41.(C)	42.(D)	43.(A)	44.(B)	45.(B)
46.(C)	47.(C)	48.(B)	49.(D)	50.(C)

主題三 行銷秘書之內部行銷執行技巧

子題 1　秘書之會議組織與管理

子題 2　秘書相關文案處理技巧

子題 3　如何提升工作效率與時間管理

子題 4　商業信函與文書處理能力

子題 1
秘書之會議組織與管理

1. 一場沒有主題、沒有議程、過程鬆散、不知所云的會議是：
   (A) 不可避免的　　　　　　　　　　(B) 最普遍的
   (C) 最浪費時間的　　　　　　　　　(D) 最浪費成本的

2. 會議性質大致分為三大類：簡報式、溝通管理式、訓練式。其中溝通管理式的參加人數：
   (A) 越多越好　　　　　　　　　　　(B) 越少越好
   (C) 不超過十人的相關人員最好　　　(D) 就主管與有問題的部門主管兩人就好

3. 訓練式會議的桌子排法：
   (A) 一個大圓桌　　　　　　　　　　(B) 上課式桌椅排法
   (C) 多個分組桌椅排法　　　　　　　(D) 隨興站或坐較輕鬆

4. 簡報式會議有眾多來賓，主講者應該：
   (A) 坐著講　　　　　　　　　　　　(B) 站著講
   (C) 隨興走動的講　　　　　　　　　(D) 站上有高度的講台講

5. 訓練式會議的主要目的是：
   (A) 宣讀事項　　　　　　　　　　　(B) 培養互動
   (C) 學習服從　　　　　　　　　　　(D) 學習技能與觀念

6. 會議議程應該在什麼時候決定好？
   (A) 會議中決定　　　　　　　　　　(B) 會議後決定
   (C) 開會前幾天決定　　　　　　　　(D) 臨時決定

7. 控制開會發言時間是必要的，因此：
   (A) 議程項目越少越好

(B) 事先依重要性排序及分配時間，主席帶領依序進行討論
(C) 改用電話討論
(D) 減少或取消開會次數

8. 遇到高階主管特權人物，開會時話匣子一開就停不了，議程因而打亂，秘書可以：
    (A) 請他閉口　　　　　　　　(B) 請他出去
    (C) 用「按鈴」提示，並道歉　　(D) 任由他去

9. 開會通知最好用：
    (A) 電話通知　　　　　　　　(B) Line 通知
    (C) 簡訊通知　　　　　　　　(D) 格式化書面通知

10. 視訊會議最大的優點是：
    (A) 表示公司很先進
    (B) 主管不必出國，運用科技進行遠距會議
    (C) 可以讓對方透過視訊認識我們
    (D) 新奇、有親切感

11. 一場成功的會議，事前周全的準備非常重要，以下哪項是最重要的？
    (A) 會議休息時間的點心　　　　(B) 會場的照明
    (C) 會議桌上的整潔　　　　　　(D) 所有視聽設備的事前檢查及準備妥當

12. 單槍投影機架設的最佳位置是：
    (A) 會議桌上　　　　　　　　(B) 打字機活動桌上
    (C) 離主席位很近的桌上　　　　(D) 固定於天花板上，面朝螢幕

13. 會議的功能很多，以下何者是錯誤的？
    (A) 解決問題　　　　　　　　(B) 交談聯誼
    (C) 腦力激盪　　　　　　　　(D) 推銷觀念

14. 內部會議開會前半小時，秘書必須做的事是：
    (A) 準備茶水及訂便當
    (B) 打理自己的服裝儀容

(C) 打電話提醒所有與會者,並在會議室門口迎接

(D) 開會是常態事件不必提醒,大家都會準時出現

15. 會議室裡最需要放置的一項設備是:
    (A) 飲水機
    (B) 電話
    (C) 厚重不透光的窗簾
    (D) 牆上掛一個準時的鐘

16. 如有重要客戶參加會議,會後秘書有時需要協助送客,必須注意的送客禮儀是:
    (A) 於會議室門口握手道別
    (B) 送至電梯口
    (C) 送至大樓一樓門口
    (D) 陪搭電梯至樓下,走到停車場確定客人安全上車,目送離去

17. 會議結束,眾人散去,秘書首先要做的事是:
    (A) 整理及報銷開會的零用金
    (B) 繼續工作
    (C) 開始繕打會議記錄
    (D) 場地善後,必要時自己動手

18. 如舉辦重要、大型會議,秘書應在會後安排一個工作人員餐敘,主要目的是:
    (A) 慰勞工作人員
    (B) 主管要訓話
    (C) 慰勞及討論檢討改進
    (D) 提升士氣

19. 會議完畢,來賓交代的事,秘書應該:
    (A) 有空再處理
    (B) 優先處理
    (C) 請同仁代處理
    (D) 打電話給賓客的秘書,請她主導處理

20. 如會議主席不按議程及既定時間進行逐一討論,以下哪項是最好的改進方法:
    (A) 延長開會時間
    (B) 已超時,跳過一些較不重要的議題
    (C) 主席應反省,今後必須按議程來掌控開會的每分每秒
    (D) 時間已到,草草結束會議

21. 完整的會議通知及會議記錄可以:
    (A) 顯示公司該做的事都有做
    (B) 藉以追蹤工作權責

(C) 代表主管管理得宜　　　　　　(D) 代表秘書的文章書寫能力

22. 秘書被指派參加會議並寫會議記錄，她應有的心態是：
    (A) 保持中立　　　　　　　　　(B) 以主管的話為重點
    (C) 以同仁的話為重點　　　　　(D) 靠自己的判斷來寫會議記錄

23. 會議記錄的依據是：
    (A) 以主管的發言為主
    (B) 依循議程或上次會議記錄未決事項逐一討論
    (C) 臨時動議
    (D) 會中隨興發言

24. 如果主管需要秘書一起外出開會，並負責寫會議記錄，秘書事先要做的事是：
    (A) 主動先認識該公司的秘書
    (B) 熟悉議程
    (C) 打電話問清楚會議場地情形
    (D) 要求事前親赴場地熟悉環境，及了解當天的座位圖，以便能停看聽整個開會過程

25. 表格式的會議記錄應載明「缺席者」名字，主要用意是：
    (A) 使該員難堪　　　　　　　　(B) 提醒大家他不重視這個會議
    (C) 他雖缺席但必須掌握狀況　　(D) 秘書秉公處理

26. 會議記錄中大家踴躍發言，秘書在寫記錄時應注意：
    (A) 重點記錄並迅速記下主席對該議題所下的結論
    (B) 將所有討論過程一五一十的記錄下來
    (C) 等最後結論才記下來
    (D) 只需靠錄音筆，會後再仔細聽並整理成記錄

27. 會議記錄內文四個欄位的次序是：
    (A) 編號、發言者、決議、負責人　　(B) 議題、發言者、決議、負責人
    (C) 議題、決議、負責人、完成日期　(D) 議題、發言者、決議、完成日期

28. 主席在會議中的主要功能是：
    (A) 控制時間
    (B) 訓話及裁定
    (C) 溝通
    (D) 確保議事及議程順利進行，每項議題都達成結論

29. 有關會議記錄，以下何者為非？
    (A) 72 小時內發給與會者
    (B) 將每個人的發言都詳盡記載
    (C) 會議記錄盡量用一張 A4 紙，不必長篇大論
    (D) 先交給主管過目修正，再發給與會者

30. 會議記錄發給相關同仁後，秘書需要主動做的事是：
    (A) 確定各人都有收到紀錄　　(B) 跟催各人負責項目的進度
    (C) 著手準備下次會議　　(D) 將會議記錄歸檔

31. 如遇公司有重要簽約儀式，來賓眾多，秘書應該選擇哪種場地：
    (A) 首選公司會議室，擁擠點沒關係
    (B) 公司樓下大廳，空間較寬敞
    (C) 向外租借餐廳，會後還可直接用餐
    (D) 向外租借交通便利、設備齊全的飯店會議室

32. 大型活動需要向外租借會議室，秘書首先要向公司取得的訊息是：
    (A) 預算　　(B) 治裝費
    (C) 成立工作小組，大家分工合作　　(D) 公關費

33. 如果遇到兩天一夜的會議，秘書首先要考量的事是：
    (A) 飯店是否能提供足夠的房間數　　(B) 飯店是否有健身房
    (C) 飯店是否有游泳池　　(D) 飯店是否有優質的服務

34. 在預訂房間時，一般國外來參加訓練的外賓適合訂哪種房型？
    (A) 單人房一大床　　(B) 套房
    (C) 雙人房一大床　　(D) 雙人房兩小床

35. 在與飯店溝通協調過程中，秘書必須要做的事是：
    (A) 要求房間打折扣
    (B) 要求每房附送鮮花水果
    (C) 維持充分溝通，並親自查看現場，談妥後拿估價單
    (D) 要求升等

36. 專業秘書要能文能「舞」，被指派擔任活動主持人，這表示：
    (A) 秘書不夠正經　　　　　　　　(B) 秘書具附加價值
    (C) 秘書適合嘻笑打鬧　　　　　　(D) 公司希望省下主持費

37. 活動能完美的呈現，決定於：
    (A) 秘書的美豔　　　　　　　　　(B) 秘書的口才
    (C) 事前的周全準備及演練　　　　(D) 秘書的自信

38. 主持人的主要功能是：
    (A) 使節目能順利進行　　　　　　(B) 熟悉整個流程、掌控時間及會場氣氛
    (C) 娛樂大家　　　　　　　　　　(D) 能言善道，順勢吹捧高階主管

39. 在主持活動時，秘書必須做到：
    (A) 完全依流程執行　　　　　　　(B) 更改流程
    (C) 視情況取得主管同意，機動微調流程　(D) 自由發揮，不一定要依照流程

40. 在主持公司尾牙的舞台上，下列秘書的表現中哪一種最適當？
    (A) 一板一眼，謹慎端莊　　　　　(B) 插科打諢
    (C) 拿捏恰當尺度、炒熱氣氛　　　(D) 盡量討好主管

子題 1 答案

1.(C)	2.(C)	3.(C)	4.(D)	5.(D)
6.(C)	7.(B)	8.(C)	9.(D)	10.(B)
11.(D)	12.(D)	13.(B)	14.(C)	15.(D)
16.(D)	17.(D)	18.(C)	19.(B)	20.(C)
21.(B)	22.(A)	23.(B)	24.(D)	25.(C)
26.(A)	27.(C)	28.(D)	29.(B)	30.(B)
31.(D)	32.(A)	33.(A)	34.(D)	35.(C)
36.(B)	37.(C)	38.(B)	39.(C)	40.(C)

子題 2

秘書相關文案處理技巧

1. 公文，就是處理公務的文書，是_____公務、溝通意見的重要工具。
   (A) 政府機關　　　　　　　　　(B) 民間企業
   (C) 政府與民間　　　　　　　　(D) 私人之間

2. 公文的行文系統大致分為上行文和平行文，_____是屬於上行文。
   (A) 簽　　　　　　　　　　　　(B) 計畫
   (C) 公告　　　　　　　　　　　(D) 開會通知

3. 幕僚處理公務表達意見，以供上級了解案情，並做抉擇依據時，使用的是：
   (A) 公告　　　　　　　　　　　(B) 開會通知
   (C) 簽　　　　　　　　　　　　(D) 計畫

4. 公文的行文系統，各部門就其職司業務，向特定之對象宣布周知時，使用的是：
   (A) 計畫　　　　　　　　　　　(B) 函
   (C) 公告　　　　　　　　　　　(D) 簽

5. 公文的寫法，標準是_____的結構。
   (A) 一段式　　　　　　　　　　(B) 二段式
   (C) 三段式　　　　　　　　　　(D) 四段式

6. 公文的數字標示，有一定的方法，以下何者為是？
   (A) (一)、(二)、一、二、1. 2. (1) (2) 甲、乙、(甲)、(乙)
   (B) 一、二、甲、乙、(甲)、(乙) (一) (二) 1. 2. (1) (2)
   (C) 一、二、(一) (二) 甲、乙、(甲)、(乙) 1. 2. (1) (2)
   (D) 一、二、(一) (二) 1. 2. (1) (2) 甲、乙、(甲)、(乙)

7. 公文的行款，是指一篇完整的公文所應記載之項目而言，其中行文之對象就是指：

(A) 發文機關 (B) 受文者
(C) 發文字號 (D) 署名

8. 公文的速別，如果是普通件則應該：
   (A) 不必填 (B) 寫「速件」
   (C) 寫「最速件」 (D) 寫「急件」

9. 公文的受文者是寫在正文之後，並於對方名銜上加＿＿＿＿＿＿＿等字樣。
   (A) 此呈 (B) 謹陳
   (C) 右呈 (D) 僅呈

10. 公文的保密等級中，最高級別應該是：
    (A) 絕對機密 (B) 極機密
    (C) 機密 (D) 密

11. 公文的日期及字號，依法應該用：
    (A) 西曆 (B) 國曆
    (C) 西曆或國曆皆可 (D) 以公司往例為標準

12. 公文寫作一般會有幾種擬辦方式，但是不包含：
    (A) 先簽後稿 (B) 以稿代簽
    (C) 先稿後簽 (D) 簽稿並陳

13. 秘書掌管的收發作業，除了登記以外，還要跟催和注意時效，其中文件簽辦是指：
    (A) 繕印、校對、用印、發文 (B) 擬稿、會稿、核閱
    (C) 收文、提陳、分文 (D) 擬辦、會簽、陳核、批示

14. 英文書信的信頭，通常叫做：
    (A) Letter Head (B) Letter Body
    (C) Subject (D) Head Letter

15. 英文書信的發信日期，寫法有很多種，下面哪一種是錯的？
    (A) 3/4/14 (B) 3, 4, 2014
    (C) 2014/3/4 (D) 4-Mar-14

16. 英文書信，收信人的地址也許很長，但是最好能在＿＿＿＿＿＿內寫完。
    (A) 三行
    (B) 四行
    (C) 五行
    (D) 六行

17. 中文書信的敬啟者，在英文書信裡面通常稱為：
    (A) Subject Line
    (B) Salutation
    (C) Attention Line
    (D) Greeting

18. 英文書信的稱謂要從左邊寫起，如果見到是寫 Dear Sirs，這通常是：
    (A) 英式寫法
    (B) 美式寫法
    (C) 中式寫法
    (D) 法式寫法

19. 英文書信的本文，通常分為三個主體，但是並不包含：
    (A) Opening
    (B) Body
    (C) Complimentary Closing
    (D) Signature

20. 由公司署名的英文信函，正確的 Company Signature 擺放位置應該是：
    (A) 簽字人的姓名與頭銜 > 負責人簽名 > 結語 > 大寫的公司名稱
    (B) 大寫的公司名稱 > 簽字人的姓名與頭銜 > 負責人簽名 > 結語
    (C) 結語 > 大寫的公司名稱 > 負責人簽名 > 再打一次簽字人的姓名與頭銜
    (D) 結語 > 負責人簽名 > 大寫的公司名稱 > 再打一次簽字人的姓名與頭銜

21. 英文信函的末尾，常常會有一組 Reference Initials，用來說明這封信是哪個人代筆的，例如：Lucy Shih Dunn 幫老闆 Andrew Yeh 寫一封信，就會變成：
    (A) ay/LSD
    (B) LSD/AY
    (C) AY/lsd
    (D) LSD/ay

22. 如果一封信裡面還有附件，其標記方式中，下面哪種縮寫是錯的？
    (A) Enlc.
    (B) Encls.
    (C) Encs.
    (D) Enc.

23. 我們寫信給一個人，同時還要把副本給另一個人，這時候就說要 CC 給他，請問這 CC 兩個字是＿＿＿＿＿＿的縮寫字母。

(A) Close Copy	(B) Copy Carbon
(C) Clear Copy	(D) Carbon Copy

24. 傳統英文書信的書寫格式，每一行都從最左邊打起，盡可能不用標點符號的是指：
    (A) 全齊平式	(B) 齊平式
    (C) 改良齊平式	(D) 混合式

25. 傳統英文書信的書寫格式，每一行都從最左邊打起，但是日期、結尾語、公司簽名、發信人名都寫在信紙由中央打起的是：
    (A) 全齊平式	(B) 齊平式
    (C) 改良齊平式	(D) 混合式

26. 傳統英文書信的書寫格式，除日期在右上角，禮貌性結語及簽名由中央打起，其他部分的每一行開頭都與左邊界等齊的是
    (A) 全齊平式	(B) 齊平式
    (C) 改良齊平式	(D) 混合式

27. 傳統英文書信的書寫格式，每一行都從最左邊打起，日期與地址齊平，卻寫在內頁的最右方，簽名式寫在左下角，Reference Initials 寫在右下角，成為四個角都有字的樣式是指：
    (A) Square Blocked Style	(B) Simplified Style
    (C) Semi-Blocked Style	(D) Full-Blocked Style

28. 傳統英文書信的書寫格式，每一行都從最左邊打起，但是省略結尾語，主題全部用大寫字打出，發信人名字全部用大寫字母打出，這是：
    (A) 全齊平式	(B) 齊平式
    (C) 改良齊平式	(D) 混合式

29. 英文書信的信封寫法，下列哪一點要注意是錯誤的？
    (A) 發信人的名稱及地址在左上角
    (B) 收信人的名稱及地址在中間偏左
    (C) 掛號、航空、機密字樣置於信封左下角
    (D) 城市與國家的名字用大寫

30. Electronic mail (電子郵件) 這兩個英文字，不可以縮寫為：
    (A) E-Mail
    (B) E-mail
    (C) e-mail
    (D) email

31. 電子郵件應該簡明扼要，其主旨必須讓讀者一目了然，切忌模糊不清，最好長度不超過：
    (A) 20 個字
    (B) 25 個字
    (C) 30 個字
    (D) 35 個字

32. 電子郵件如果同時發給很多人，為了保護大家的資訊，或避免病毒的侵襲，這時候就應該用密件副本 BCC 發出，所謂 BCC 是哪三個字的縮寫？
    (A) Beware Carbon Copy
    (B) Blind Carbon Copy
    (C) Beware Copy Carbon
    (D) Blind Copy Carbon

33. 電子郵件的信尾客套話，例如 "Thanks"、"Cheers"、"Sincerely yours" 等等，英文叫做：
    (A) Complimentary close
    (B) Company close
    (C) Complete Close
    (D) Compensation Close

34. 商業信函，都有所謂 7 個 "C" 的原則，但是其中並沒有這個＿＿＿＿的原則。
    (A) Closure
    (B) Clearness
    (C) Correctness
    (D) Consideration

35. 撰寫英文書信，如果要很完整，必須要用所謂的六個 "W" 來檢驗，所謂六個 "W" 並不包含：
    (A) Who
    (B) What
    (C) Which
    (D) Why

36. 處理卷宗，為使文件能整齊的歸檔，＿＿＿＿的時候打洞是需要技巧的。
    (A) 裝訂
    (B) 排列
    (C) 防護
    (D) 編目

37. 以一個四個抽屜的檔案櫃來說，考量到方便易取，不常用的卷宗最好是放在：

(A) 第一個抽屜 (B) 第二個抽屜
(C) 第三個抽屜 (D) 第四個抽屜

38. 檔案櫃如果放置重要的文件，上鎖是必要的，為安全起見，需將鑰匙備份交給_____保管。
(A) 老闆 (B) 秘書
(C) 總務 (D) 助理

39. 歸入檔案櫃的卷宗，應該編輯成冊，以便其他同仁或代理人使用，這種編目錄表，通常稱為：
(A) Index Book (B) Compiled Book
(C) Book Index (D) Book Compiled

40. 不同顏色的卷宗，有助於辨識卷宗的屬性，比方說，上司的專用檔案多半用：
(A) 白色 (B) 藍色
(C) 紅色 (D) 綠色

子題 2 答案

1.(A)	2.(A)	3.(C)	4.(C)	5.(C)
6.(D)	7.(B)	8.(A)	9.(B)	10.(A)
11.(B)	12.(C)	13.(D)	14.(A)	15.(B)
16.(B)	17.(C)	18.(A)	19.(D)	20.(C)
21.(C)	22.(A)	23.(D)	24.(A)	25.(B)
26.(C)	27.(A)	28.(D)	29.(B)	30.(A)
31.(D)	32.(B)	33.(A)	34.(A)	35.(C)
36.(A)	37.(D)	38.(C)	39.(A)	40.(C)

子題 3
如何提升工作效率與時間管理

1. 彼得‧杜拉克有句話說：時間是最為稀少的資源，除非時間被妥善管理，否則任何其他事物皆無法被妥善管理。現代管理以時間為_____，因為時間是最珍貴的資源，也最難掌握。
   (A) 競爭基礎
   (B) 資源基礎
   (C) 效率基礎
   (D) 管理基礎

2. 秘書所做的很多事情都是臨時性的交代，同一個時間出現很多事情都要一起做，這時候就要運用管理學上常常提到的八十二十原理，也就是：
   (A) 彼得定律
   (B) 掌握關鍵的原理
   (C) 猴子理論
   (D) 柏金森定律

3. 八十二十原理是義大利經濟學和社會學家_____所提出的。終其一生他都企圖以數學的原理來解釋經濟及社會現象。
   (A) Peter Drucker
   (B) Peter Senge
   (C) Vilfredo Pareto
   (D) Michael Porter

4. 八十二十原理就是數學中的_____原理，被後來的時間管理學者在優先順序的程度上，廣泛的運用。
   (A)「重要多數與瑣碎少數」
   (B)「少數服從多數」
   (C)「多數服從少數」
   (D)「重要少數與瑣碎多數」

5. 八十二十原理主要的內容是說，在任何團體中，比較有意義或比較重要的分子，通常只佔：
   (A) 多數
   (B) 少數
   (C) 不多不少
   (D) 或多或少

6. 任何一組物件或任何一個團體中，都有不可或缺的「少數」，以及「可有可無的多

數」。只要能控制具有重要性的_____的份子，就能控制全局。
(A) 少數
(B) 多數
(C) 不多不少
(D) 或多或少數

7. 管理學界所通稱的八十二十原理，即是：
(A) 百分之八十加上百分之二十的價值可以得出自百分之百的因子
(B) 百分之八十的價值是來自百分二十的因子；其餘百分之二十的價值則是來自百分之八十的因子
(C) 透過百分之八十的努力，終必得到百分之二十的成果
(D) 透過百分之二十的努力，就一定得到百分之八十的成果

8. 八十二十原理在生活中隨處可見，例如：百分之八十的銷售額都是由百分之二十的_____而來。
(A) 顧客
(B) 廣告
(C) 網絡
(D) 宣傳

9. 八十二十原理在生活中隨處可見，例如：百分之八十的看報紙時間都花在百分之二十的：
(A) 版面
(B) 廣告
(C) 網絡
(D) 八卦

10. 八十二十原理在生活中隨處可見，但下列哪一個例子顯然是錯的？
(A) 百分之八十的意見都是由百分之二十的人所發表
(B) 百分之八十的看電視時間都是在看百分之二十的節目
(C) 百分之二十的考題都是出自百分之八十的課文
(D) 百分之八十的檔案使用量集中於其中的百分之二十

11. 任何事情的處理，都要找出關鍵，也就是何者為二十。秘書也要避免錯誤的迷思，凡事要以_____事情先下手。
(A) 簡單的
(B) 困難的
(C) 手邊的
(D) 緊急的

12. 面對多項工作而難於取捨時，最好謹守八十二十原理，但是要記得下面有一個是錯

誤的：

(A) 百分之二十的時間→產生→百分之八十的成效

(B) 把精力投入重要的百分之二十

(C) 百分之八十的時間→產生→百分之二十的成效

(D) 把精力投入次要的百分之八十

13. 所謂時間管理的優先順序，危機管理是屬於：
    (A) 第四優先　　　　　　　　(B) 第三優先
    (C) 第二優先　　　　　　　　(D) 第一優先

14. 所謂時間管理的優先順序，未來管理是屬於：
    (A) 第四優先　　　　　　　　(B) 第三優先
    (C) 第二優先　　　　　　　　(D) 第一優先

15. 所謂時間管理的優先順序，經常性事務是屬：
    (A) 第四優先　　　　　　　　(B) 第三優先
    (C) 第二優先　　　　　　　　(D) 第一優先

16. 所謂時間管理的優先順序，例行性事務是屬於：
    (A) 第四優先　　　　　　　　(B) 第三優先
    (C) 第二優先　　　　　　　　(D) 第一優先

17. 所謂時間管理的優先順序，緊急又重要是屬於：
    (A) 第四優先　　　　　　　　(B) 第三優先
    (C) 第二優先　　　　　　　　(D) 第一優先

18. 所謂時間管理的優先順序，重要不緊急是屬於：
    (A) 第四優先　　　　　　　　(B) 第三優先
    (C) 第二優先　　　　　　　　(D) 第一優先

19. 所謂時間管理的優先順序，緊急不重要是屬於：
    (A) 第四優先　　　　　　　　(B) 第三優先
    (C) 第二優先　　　　　　　　(D) 第一優先

20. 所謂時間管理的優先順序，不重要不緊急是屬於：
    (A) 第四優先　　　　　　　　　　　(B) 第三優先
    (C) 第二優先　　　　　　　　　　　(D) 第一優先

21. 所謂時間管理的優先順序，「序」不是指＿＿＿＿，而是過程要合理化，才能提高結果的品質，也就是增加效果。
    (A)「排序」　　　　　　　　　　　(B)「秩序」
    (C)「程序」　　　　　　　　　　　(D)「次序」

22. ＿＿＿＿的管理，大約佔所有事情的百分之三至五，可以說是去而不回的事情。包括有重大的危機、有限期的壓力，還有公司面臨罷工或倒閉；重大決策的關鍵；可以說人生沒有想到卻發生的緊急狀況。
    (A) 第四優先　　　　　　　　　　　(B) 第三優先
    (C) 第二優先　　　　　　　　　　　(D) 第一優先

23. ＿＿＿＿的管理，大約佔所有事情的百分之七到十，是丟了想找回來有可能性；或是說未來發生會影響到現在、現在發生會影響到未來的事務。包括有未來發展、行銷、生涯規劃、人際關係、客戶維繫、溝通與協調、休閒等等。這也是人生最容易被忽略卻最重要的一個部分。
    (A) 第四優先　　　　　　　　　　　(B) 第三優先
    (C) 第二優先　　　　　　　　　　　(D) 第一優先

24. ＿＿＿＿的管理，大約佔有所有事情的百分之五十，每天上班都有一半的時間在做經常性的事情，例如開會、接電話、聯絡、寫報告、看 Mail 等等。
    (A) 第四優先　　　　　　　　　　　(B) 第三優先
    (C) 第二優先　　　　　　　　　　　(D) 第一優先

25. ＿＿＿＿的管理，是指每天都會發生的，佔了事情的百分之三十。好比開機、關機、刷卡、列印、吃飯、上廁所等等，無論如何都要做的事情。
    (A) 第四優先　　　　　　　　　　　(B) 第三優先
    (C) 第二優先　　　　　　　　　　　(D) 第一優先

26. 秘書在工作當中，總認為自己所做的都是瑣碎而經常的，事實上每個人工作生活中

都有瑣碎的和重要的。同一個時間如果出現各個狀況，好比主管找你，而你在打電話；正要去會議室而客人來了，那麼客人來了是屬於：

(A) 第四優先 (B) 第三優先
(C) 第二優先 (D) 第一優先

27. 現代人的有效的時間管理法則當中，＿＿＿＿的觀念顯然是錯的，能夠不疾不緩適當運用時間的人，才是懂得開發時間、利用時間的人。

(A) 一次只處理一件事 (B) 相關的事件可以一次完成
(C) 化簡為繁 (D) 化整為零、聚零為整

28. 效率是指做一件事最好的方法，基本上是一種投入產出的觀念。當我們用＿＿＿＿的時候，不會有效率。

(A) 較少的「投入」獲得等量的「產出」
(B) 以等量的「投入」獲得較多的「產出」
(C) 以較少的「投入」獲得較多的「產出」
(D) 既不「投入」，也不「產出」

29. 效能與效率不同。效能是指「適切的目標之設定，以及為達到目標所需適切手段的選擇」。也就是說，有效的管理者如果不能夠＿＿＿＿，就不算是有效能。

(A) 設定適切的目標 (B) 選擇適切的手段
(C) 達成既定的目標 (D) 放棄自己的目標

30. 許多秘書經常抱怨從早到晚忙得團團轉，這是工作的要求所致。上乘的功夫是，能在談笑之間完成工作。要知道老闆每天所做的有百分之三十是秘書的工作；而秘書所做的＿＿＿＿，都是老闆的工作。

(A) 百分之百 (B) 百分之八十
(C) 百分之五十 (D) 百分之二十

31. 老闆交辦的事務，很少是＿＿＿＿處理時需有優先順序。依照優先順序處理時，再急的案件也要把握最後一分鐘再檢查一次，而不要急著交卷。

(A) 集中的 (B) 突發的
(C) 有期限的 (D) 私人的

32. 老闆交代的例行性事務多的話，就要由例行性中求取＿＿＿＿＿＿＿突發性的事務多的話，就要特別謹慎。
    (A) 改善及變化　　　　　　　　(B) 埋怨與退件
    (C) 經常請假　　　　　　　　　(D) 化簡為繁

33. 只有處理＿＿＿＿＿＿＿事務，才能證明自己是優秀的秘書；困難度愈高的工作，更有成就感。
    (A) 集中的　　　　　　　　　　(B) 突發的
    (C) 有期限的　　　　　　　　　(D) 私人的

34. 秘書處理＿＿＿＿＿＿＿事務，靠的是平常培養的硬功夫，如人際關係、打字技巧等。
    (A) 集中的　　　　　　　　　　(B) 私人的
    (C) 有期限的　　　　　　　　　(D) 突發的

35. 秘書處理＿＿＿＿＿＿＿事務處理得愈多，愈能早日成為優秀的主管，因為這能培養應變的能力。
    (A) 集中的　　　　　　　　　　(B) 私人的
    (C) 有期限的　　　　　　　　　(D) 突發的

36. 秘書在處理＿＿＿＿＿＿＿事務中，可以應用時間管理的原則及方法，更能培養應變的能力。
    (A) 突發的　　　　　　　　　　(B) 集中的
    (C) 有期限的　　　　　　　　　(D) 私人的

37. 秘書工作要提高效率，應避免加強自己的：
    (A) 專業的能力　　　　　　　　(B) 長袖善舞的人際關係
    (C) 對主管及對事務的充分了解　(D) 耐心及謹慎的態度

38. 秘書執行時間管理的時候，如果發現每次出錯的時候，總是在最不可能出錯的地方，這就是管理學上所謂的：
    (A) 崔西定律　　　　　　　　　(B) 墨非定律
    (C) 高效定律　　　　　　　　　(D) 柏金森定律

39. 不論估算多少時間，計畫的完成都會超出期限，這就是管理學上所謂的：
    (A) 崔西定律　　　　　　　　(B) 高效定律
    (C) 墨非定律　　　　　　　　(D) 黑客定律

40. 任何工作的困難度與其執行步驟的數目平方成正比，這就是管理學上所謂的：
    (A) 崔西定律　　　　　　　　(B) 高效定律
    (C) 墨非定律　　　　　　　　(D) 柏金森定律

子題 3 答案

1.(A)	2.(B)	3.(C)	4.(D)	5.(B)
6.(A)	7.(B)	8.(A)	9.(A)	10.(C)
11.(B)	12.(D)	13.(D)	14.(C)	15.(B)
16.(A)	17.(D)	18.(C)	19.(B)	20.(A)
21.(A)	22.(D)	23.(C)	24.(B)	25.(A)
26.(C)	27.(C)	28.(D)	29.(A)	30.(A)
31.(D)	32.(A)	33.(B)	34.(D)	35.(D)
36.(A)	37.(B)	38.(B)	39.(C)	40.(A)

子題 4

商業信函與文書處理能力

1. 文字溝通很重要，在開始了解寫作技巧以前，秘書必須牢記一個觀點：要以＿＿＿＿的角度來著手撰寫。
   (A) 讀者　　　　　　　　　　(B) 老闆
   (C) 同事　　　　　　　　　　(D) 客戶

2. 運用文字的力量，商業信函寫作時，應該避免使用太多難懂的單字、片語、贅詞、重複。英文字句應該保持平均長度。一串句子包括約 16 個字屬於正常範圍，超過＿＿＿＿個字的句子就很難懂了。
   (A) 18　　　　　　　　　　　(B) 20
   (C) 22　　　　　　　　　　　(D) 24

3. 無論是對內備忘錄或是代表公司之對外信函，要注意語氣，切忌：
   (A) 寫給上司或客戶的信務必恭敬有禮、語氣婉轉
   (B) 寫給下屬的信件要顯得有威嚴
   (C) 寫給同事則要顯得友好、樂於合作
   (D) 寫給晚輩的信要不亢不卑

4. ＿＿＿＿＿＿，則秘書就很難掌握住成功寫作的技巧。
   (A) 內文力求清晰、精簡與直接　　(B) 運用強而有力的引言與結論
   (C) 巧妙運用標題、視覺效果　　　(D) 運用負面、推卸責任的字句

5. 傳統檔案可以劃分為文字類和非文字類，其中＿＿＿＿是屬於非文字類。
   (A) 光碟　　　　　　　　　　(B) 報告
   (C) 備忘錄　　　　　　　　　(D) 會議記錄

6. 傳統檔案可以劃分為文字類和非文字類，其中＿＿＿＿是屬於文字類。
   (A) 幻燈片　　　　　　　　　(B) 照片

(C) 錄影帶　　　　　　　　　　　(D) 公文

7. 傳統檔案管理作業事項繁多，其中就檔案的性質及案情，歸入適當類目，並建立簡要案名，稱之為：
   (A) 點收　　　　　　　　　　　(B) 立案
   (C) 編目　　　　　　　　　　　(D) 保管

8. 傳統檔案管理作業事項繁多，其中就檔案之內容及形式特徵，依檔案編目規範著錄整理後，製成檔案目錄，稱之為：
   (A) 點收　　　　　　　　　　　(B) 立案
   (C) 編目　　　　　　　　　　　(D) 保管

9. 傳統檔案管理作業事項繁多，其中將檔案依序整理完竣，以原件裝訂或併採微縮、電子或其他方式儲存後，分置妥善存放，稱之為：
   (A) 點收　　　　　　　　　　　(B) 立案
   (C) 編目　　　　　　　　　　　(D) 保管

10. 機關內或機關間因業務需要，提出檔案借調或調用申請，由檔案管理人員依權責長官之核定，檢取檔案提供參閱，稱之為：
    (A) 檢調　　　　　　　　　　　(B) 立案
    (C) 編目　　　　　　　　　　　(D) 保管

11. 依檔案目錄逐案核對，將逾保存年限之檔案或已屆移轉年限之永久保存檔案，分別辦理銷毀或移轉，或為其他必要之處理，稱之為：
    (A) 檢調　　　　　　　　　　　(B) 立案
    (C) 編目　　　　　　　　　　　(D) 清理

12. 為維護檔案安全及完整，避免檔案受損、變質、消滅、失竊等，而採行之防護及對已受損檔案進行之修護，稱之為：
    (A) 檢調　　　　　　　　　　　(B) 安全維護
    (C) 編目　　　　　　　　　　　(D) 清理

13. 檔案管理單位或人員將辦畢歸檔之案件，予以清點受領，稱之為：

(A) 點收 (B) 立案
(C) 編目 (D) 保管

14. 檔案管理的範圍,並不包括:
    (A) 各種命令及手令 (B) 計劃方案與法規
    (C) 收發文稿及附件 (D) 私人照片與影片

15. 由於檔案來源廣泛多元,一般企業或組織的員工對檔案之形成、性質與價值之概念模糊有所誤解,對任何文字與非文字資料及其附件,無論其是否經過縝密之文書處理程序與審選,均認為是檔案,造成企業或組織的檔案數量無限膨脹,這就是所謂的:
    (A) 檔案肥胖症 (B) 檔案近視症
    (C) 檔案厭食症 (D) 檔案減肥症

16. 對檔案之功能認識不深,僅顧及眼前需求而忽視檔案之發展性與歷史性,以為檔案僅是束之高閣的無用文物,或僅可作文獻或史料研究用途,致機關內各級人員漠視其管理之重要性,甚至由非專業人員負責管理檔案,這就是所謂的:
    (A) 檔案肥胖症 (B) 檔案近視症
    (C) 檔案厭食症 (D) 檔案減肥症

17. 因欠缺完善專業之系統管理、應用及推廣服務,以致多數企業或機關未能對檔案予以適當之收集、整理、保管,將之堆置辦公室邊陲角隅,致時有遺失或毀損情形,檔案逸散不全或蕪蔓龐雜,應用價值低落,大眾參考意願不高,常乏人問津,這就是所謂的:
    (A) 檔案肥胖症 (B) 檔案近視症
    (C) 檔案厭食症 (D) 檔案減肥症

18. _____,又稱標題分類法或科目分類法,即依照業務性質或組織部門分類,如依人事、財務、行銷、企劃等部門或性質分類,此一分類法較適用於組織或業務龐大的公司,優點為檔案簡明清楚。
    (A) 性質分類法 (B) 字母順序分類法
    (C) 筆畫順序分類法 (D) 地理分類法

19. _____，係將歸檔文件以所屬單位名稱或負責人之姓名，根據英文字母先後順序排列，歸順適當的檔案夾。此一分類最直接也最簡單，快捷方便。
    (A) 性質分類法　　　　　　　　　(B) 字母順序分類法
    (C) 筆畫順序分類法　　　　　　　(D) 地理分類法

20. _____，以中文字的筆劃數處理的分類方式，依單位名稱的第一個字或負責人姓氏筆劃順序歸檔。
    (A) 性質分類法　　　　　　　　　(B) 字母順序分類法
    (C) 筆畫順序分類法　　　　　　　(D) 地理分類法

21. 以顧客的所在地為基準，依地域位置，同一洲、國家、省、市的資料集中歸檔。可依由北到南的順序分類，適用於大企業在各地的分公司資料，依地理位置順序歸檔，這就是：
    (A) 性質分類法　　　　　　　　　(B) 字母順序分類法
    (C) 筆畫順序分類法　　　　　　　(D) 地理分類法

22. _____，是在文件分類後，編上號碼，再依其號碼予以歸檔，使用時只需查看目錄上的號碼，再根據號碼調閱文件資料即可。
    (A) 號碼分類法　　　　　　　　　(B) 時間分類法
    (C) 顏色管理分類法　　　　　　　(D) 符號分類法

23. _____，是指不論文件的性質及類別，僅依交易日期、發信日期或收件日期的時間順序存放。
    (A) 號碼分類法　　　　　　　　　(B) 時間分類法
    (C) 顏色管理分類法　　　　　　　(D) 符號分類法

24. _____，大都使用於公司成立資料中心時，因檔案數量眾多，利用檔案夾本身的顏色來區分類別。
    (A) 號碼分類法　　　　　　　　　(B) 時間分類法
    (C) 顏色管理分類法　　　　　　　(D) 符號分類法

25. 電子檔案製作及儲存保管成本低廉，可以在低保存成本下有效延長檔案壽命：以光碟的耐久保存特性，每片光碟片在正常室溫下至少可保存：

(A) 80 年 (B) 90 年
(C) 100 年 (D) 115 年

26. 電子檔案處理過程中，＿＿＿＿＿＿＿的定義是指載有簽章驗證資料，用以確認簽署人身分、資格之電子形式證明，包括：憑證序號、用戶名稱、公開金鑰、憑證有效期限及憑證管理中心之數位簽章等。
    (A) 憑證 (B) 轉置
    (C) 模擬 (D) 封裝

27. 電子檔案處理過程中，＿＿＿＿＿＿＿的定義，是指電子檔案管理系統之軟硬體過時或失效，需進行軟硬體格式轉換，以便日後可讀取之作業程序。
    (A) 憑證 (B) 轉置
    (C) 模擬 (D) 封裝

28. 電子檔案處理過程中，＿＿＿＿＿＿＿的定義，是指於現有的技術環境下，將數位資料回復其原始作業環境，藉以呈現原有資料。
    (A) 憑證 (B) 轉置
    (C) 模擬 (D) 封裝

29. 電子檔案處理過程中，＿＿＿＿＿＿＿的定義，是指為防止儲存媒體過時或失效，將電子檔案內容從一儲存媒體複製至新的儲存媒體。
    (A) 憑證 (B) 轉置
    (C) 更新 (D) 封裝

30. 電子檔案處理過程中，＿＿＿＿＿＿＿的定義，是指用以描述電子文件及電子檔案有關資料背景、內容、關聯性及資料控制等相關資訊。
    (A) 憑證 (B) 詮釋資料
    (C) 模擬 (D) 封裝

31. 電子檔案處理過程中，＿＿＿＿＿＿＿是指在電子檔案管理流程中，應確保儲存電子檔案之內容、詮釋資料及儲存結構之完整。
    (A) 完整性 (B) 真實性
    (C) 可及性 (D) 可靠性

32. 電子檔案處理過程中，＿＿＿＿＿＿＿是指可鑑別及確保電子檔案產生、蒐集及修改過程的合法性。
    (A) 完整性　　　　　　　　　　(B) 真實性
    (C) 可及性　　　　　　　　　　(D) 可靠性

33. 電子檔案處理過程中，＿＿＿＿＿＿＿是指藉由電子檔案保存機制，配合法定保存年限，維持電子檔案及其管理系統之可供使用。
    (A) 完整性　　　　　　　　　　(B) 真實性
    (C) 可及性　　　　　　　　　　(D) 可靠性

34. 資料、資訊、知識之間的關係如同幾何學裡線、面、立體間的關係。其中＿＿＿＿＿＿＿是指事實、聲音和圖像，表達的是一個描述，沒有制定背景和意義的數位、圖像或聲音。
    (A) 資料　　　　　　　　　　　(B) 資訊
    (C) 知識　　　　　　　　　　　(D) 智慧

35. 資料、資訊、知識之間的關係如同幾何學裡線、面、立體間的關係。其中＿＿＿＿＿＿＿是指經過格式化、過濾已經綜合處理有條件的資料，即資料和資料之間的聯繫。
    (A) 資料　　　　　　　　　　　(B) 資訊
    (C) 知識　　　　　　　　　　　(D) 智慧

36. 資料、資訊、知識之間的關係如同幾何學裡線、面、立體間的關係。其中＿＿＿＿＿＿＿是指有意義的資訊，表現在資訊和資訊之間的關係。譬如天空有烏雲和下雨兩個資訊之間，如果建立一種聯繫，則產生了知識。
    (A) 資料　　　　　　　　　　　(B) 資訊
    (C) 知識　　　　　　　　　　　(D) 智慧

37. 資料、資訊、知識之間的關係如同幾何學裡線、面、立體間的關係。其中＿＿＿＿＿＿＿是指富有洞察力的知識，在瞭解多方面的知識後，能夠預見一些事情的發生和採取行動。
    (A) 資料　　　　　　　　　　　(B) 資訊
    (C) 知識　　　　　　　　　　　(D) 智慧

38. 名片管理是一般人很容易忽視的一環,秘書不能把名片資料依照_____因素分類。
    (A) 關聯性　　　　　　　　　　(B) 重要性
    (C) 長期互動　　　　　　　　　(D) 私密性

39. 數位化的檔案管理能否成功,端賴專業秘書對欄位與關鍵字的設計是否恰當,欄位與關鍵字關係到未來使用的效益,因此資料欄位必須:
    (A) 標準化　　　　　　　　　　(B) 現代化
    (C) 安全化　　　　　　　　　　(D) 私密化

40. 名片輸入的工作非常繁瑣乏味,但如果為了節省時間,當下沒有輸入完整資料,使得日後有補登的需要,如此反而會產生難以想像的時間成本,因此最好把名片上所有的字逐一輸入,對於沒有適當欄位可以登錄的資料,可以使用_____輸入。
    (A) 記事欄　　　　　　　　　　(B) 備忘欄
    (C) 記憶欄　　　　　　　　　　(D) 稱謂欄

子題 4 答案

1.(A)	2.(B)	3.(D)	4.(D)	5.(A)
6.(D)	7.(B)	8.(C)	9.(D)	10.(A)
11.(D)	12.(B)	13.(A)	14.(D)	15.(A)
16.(B)	17.(C)	18.(A)	19.(B)	20.(C)
21.(D)	22.(A)	23.(B)	24.(C)	25.(D)
26.(A)	27.(B)	28.(C)	29.(C)	30.(B)
31.(A)	32.(B)	33.(C)	34.(A)	35.(B)
36.(C)	37.(D)	38.(D)	39.(A)	40.(A)

主題四 行銷秘書之溝通協調能力

子題 1　如何成為主管得力助手

子題 2　主管行程管理與差旅安排

子題 3　秘書情緒管理與壓力紓解

子題 4　如何創造雙贏團隊

子題 1
如何成為主管得力助手

1. 專業秘書除了要會做事,還需要會:
   (A) 能歌善舞
   (B) 察言觀色
   (C) 崇拜主管
   (D) 做主管的眼線

2. 主管有不同的個性,遇到性急的主管,秘書的配合方法是:
   (A) 勸他放慢腳步
   (B) 比他更急
   (C) 無所謂,維持自己的步調
   (D) 跟上他的腳步,凡事講求效率

3. 主管缺乏組織能力,凡事慣於積壓,秘書應採取的工作態度是:
   (A) 不要給他壓力
   (B) 尊重他的習性
   (C) 補足他的缺點,協助他養成固定時間批示公文的習慣,使辦公室的運作動起來
   (D) 到處向同事訴苦、撇清責任

4. 重視人脈及交際的主管,會隨時交辦各式各樣的事情,秘書應保持的工作心態是:
   (A) 先做公事,再做私事
   (B) 先做私事,再做公事
   (C) 公私不分,只要主管交辦的事就去做
   (D) 先判斷事情的輕重緩急,公私事一併迅速處理並回報

5. 秘書與主管的默契培養,以下何者為非?
   (A) 彼此常溝通
   (B) 向資深同事討教主管的習性
   (C) 請主管吃飯,直接問他
   (D) 花時間了解他的學歷背景、家庭狀況,從血型、星座可以判斷出一些做事風格

6. 秘書與主管的工作關係應建立在:

(A) 亦師亦友　　　　　　　　　(B) 一切聽命於主管
(C) 家人般　　　　　　　　　　(D) 互相尊重的關係上

7. 大部份主管都期許秘書能夠在適當的時機建言，建言的意思是：
    (A) 打小報告　　　　　　　　(B) 爆料
    (C) 提醒或建設性的見解　　　(D) 主管喜歡聽的話

8. 有些主管習慣將私事全交由秘書來完成，秘書應有的態度是：
    (A) 埋怨主管公私不分
    (B) 配合主管、協助主管是秘書的基本工作，甘之如飴
    (C) 要求額外加薪
    (D) 主管不尊重我，把我當小妹使用

9. 主管日理萬機，秘書如對交辦的工作有疑惑而需要主管澄清，最適當的方法是將問題簡短寫成：
    (A) 問答題　　　　　　　　　(B) 申論題
    (C) 選擇題　　　　　　　　　(D) 用假設即可，不用問了

10. 不小心犯錯被主管責備，秘書最恰當的態度是：
    (A) 不認錯　　　　　　　　　(B) 離職
    (C) 承認錯誤，並保證不會再犯　(D) 不甘心的認錯

11. 以下哪一項不屬於秘書的工作？
    (A) 幫主管繳罰單　　　　　　(B) 採買主管出國要送的禮物
    (C) 幫開會中的同仁訂午餐便當　(D) 以上都屬秘書的工作

12. 同事想透過秘書向主管傳達想法時，秘書最適當的做法是：
    (A) 將訊息一字不漏的傳達
    (B) 請同事自己直接傳達
    (C) 秘書加入自己的見解後傳達
    (D) 依事情性質，採納以上其中一種做法傳達

13. 秘書的核心職能中，對公司最基本也最重要的功能是：

(A) 溝通協調　　　　　　　　　(B) 問題分析及解決
(C) 資訊管理　　　　　　　　　(D) 公共關係

14. 為爭取秘書不被替代的競爭優勢，秘書最需要培養的是：
    (A) 公關能力　　　　　　　　　(B) 整合資訊能力
    (C) 人脈資源　　　　　　　　　(D) 附加價值

15. 21 世紀的秘書必須：
    (A) 埋頭多做事，少發言　　　　(B) 以工作為重，犧牲休閒時間
    (C) 發展多元職能　　　　　　　(D) 凡事追求完美

16. 秘書要採取主動積極的工作態度，如果主管手上有緊急事找人協助，但忽略找秘書，秘書應該採取的行動是：
    (A) 等主管來找　　　　　　　　(B) 裝做不知道
    (C) 叫同仁去關心　　　　　　　(D) 義不容辭地主動幫忙

17. 在外面學習到一些管理的新觀念，可以適用於公司，秘書應該：
    (A) 自己學會就好　　　　　　　(B) 回公司與大家分享
    (C) 告訴主管即可　　　　　　　(D) 取得主管同意，並將資訊分享給同仁

18. 職場服裝儀容很重要，主管向秘書抱怨同仁穿著太隨便時，秘書應該：
    (A) 建議請禮儀專家來公司做「禮儀」培訓
    (B) 建議公司統一訂製制服
    (C) 表示自己沒有被授權去做規勸
    (D) 替同仁辯護，上班穿著只要舒服就好

19. 會計部的秘書請產假，人事部欲將管理部秘書調去支援兩個月，管理部秘書應有的心態是：
    (A) 不熟悉會計作業，斷然拒絕
    (B) 欣然接受這個挑戰
    (C) 感到不受重視而辭職
    (D) 請求留在原位，但兼做一些會計秘書工作

20. 欲表現出附加價值，秘書可以做的事是：
    (A) 忽然間提出辭呈，引起注意
    (B) 盡量取悅主管討他歡心
    (C) 主動爭取參與專案
    (D) 做地下主管，讓大家對她敬畏三分

21. 新報到的秘書應該優先做的事不包括：
    (A) 了解主管的作事風格
    (B) 打聽同仁的私事
    (C) 了解公司組織架構
    (D) 參加新人訓練，儘快進入情況

22. 主管太忙，沒時間與秘書溝通，秘書應該：
    (A) 找人事主管溝通，請他傳話
    (B) 不要去煩主管，耐心等他有空時再說
    (C) 放棄溝通
    (D) 主動表示需要與主管溝通，請他空出一點時間

23. 主管的脾氣暴躁，常開口罵人，秘書應該做的事：
    (A) 以憤怒的表情回敬
    (B) 嘻笑相勸
    (C) 若無其事
    (D) 默默的承受，適當時機再以溝通方式相勸

24. 每位職場人，包括主管都需要：
    (A) work hard
    (B) work smart
    (C) work hard and work smart
    (D) work smart, less hard

25. 在職場快速變遷的時代，多種電腦軟體操作技能對秘書來說是：
    (A) 非常需要的
    (B) 不需要的
    (C) 視情形而定
    (D) 視主管而定

26. 職場人士免不了出錯，應視捱罵為：
    (A) 丟臉的事
    (B) 工作的一部份
    (C) 成長的過程
    (D) 學到經驗的代價

27. 不論掌權或授權型主管，都喜歡秘書主動回報交辦事宜的結果，這種互動顯示：

子題 1　如何成為主管得力助手

(A) 彼此互不信賴　　　　　　　　(B) 多餘的
(C) 尊重主管　　　　　　　　　　(D) 尊重秘書

28. 辦公室裡的公共設施及消耗品，如秘書看到同仁浪費，應該：
    (A) 馬上報告主管　　　　　　　(B) 馬上報告總務經理
    (C) 軟性勸阻　　　　　　　　　(D) 不要管閒事

29. 主管交代的大小事，秘書應該：
    (A) 多一步、快一步，在期限前完成　(B) 慢慢做，以免被加重工作量
    (C) 期限前完成即可　　　　　　　　(D) 看情形調整速度

30. 公司安排培訓課程，並開放同仁自由報名參加，身為秘書應該如何反應？
    (A) 一概不參加
    (B) 先報名卡位，再決定要不要參加
    (C) 馬上向培訓部門問清楚培訓目的，隨即報名
    (D) 認為自己已經很資深了，不必參加

31. 辦公室瑣碎的事往往都交給秘書做，秘書應保持何種心態：
    (A) 老是做不起眼的小事，真是大材小用
    (B) 應該由小妹來做
    (C) 反正是瑣碎事，馬虎點做即可
    (D) 這是秘書應該做的事，吃虧就是佔便宜

32. 主管有時也會失誤，秘書應該如何處理？
    (A) 在眾人面前大聲指出他的錯誤　(B) 在主管面前小聲耳語，指責他的錯誤
    (C) 挺身替他辯護　　　　　　　　(D) 私下跟主管說，並注意措辭

33. 主管指示不清楚時，秘書要：
    (A) 不好意思問　　　　　　　　　(B) 去問資深同事
    (C) 馬上向主管澄清及確認指示　　(D) 用假設去判斷他的意思

34. 在辦公室裡遇到跨部門不合作，秘書應該：
    (A) 馬上向人事部訴苦

(B) 馬上向主管抱怨

(C) 什麼都不做，任其發展

(D) 馬上告知主管，並安排協調會議解決問題

35. 主管臨時取消當天下午的會議，秘書通知同仁最妥當的作法是：
    (A) 馬上發 Line
    (B) 馬上發 e-mail
    (C) 馬上發 e-mail，同時以電話確認收到訊息，並告知取消原因
    (D) 馬上張貼佈告欄

36. 標準作業流程 (SOP) 在管理上是個很好的工具，SOP 的正確用法是：
    (A) 執法如山，不可有任何變更
    (B) 可以任意修正、刪改
    (C) 內容越細越好
    (D) 確實依照流程操作，遇到執行困難或突發狀況，應開會討論正式修正之

37. 智慧型的秘書意指：
    (A) IQ 特高，比一般人聰明的秘書
    (B) 做事有創意，有更好的方法
    (C) 什麼都會的秘書
    (D) 用來嘲笑秘書的形容詞

38. 如果希望更快成功，就需要多開拓人脈及與成功人士交往，你認為這個建議：
    (A) 太過功利
    (B) 太不實際
    (C) 有利用他人之嫌
    (D) 很有道理

39. 處理突發狀況 (如地震、停電、火災等) 時，秘書應該：
    (A) 先逃生保命
    (B) 先通知主管，由他來處理
    (C) 先打 119
    (D) 反應靈敏，沉著通知大家先離開現場

40. 秘書除了服務主管以外，還要做許多辦公室行政工作，你認為：
    (A) 行政工作很單純
    (B) 行政工作很複雜，但能學到許多東西
    (C) 行政工作並不重要
    (D) 行政工作不應該交給秘書做

子題 1 答案

1.(B)	2.(D)	3.(C)	4.(D)	5.(C)
6.(D)	7.(C)	8.(B)	9.(C)	10.(C)
11.(D)	12.(D)	13.(A)	14.(D)	15.(C)
16.(D)	17.(D)	18.(A)	19.(B)	20.(C)
21.(B)	22.(D)	23.(D)	24.(C)	25.(A)
26.(D)	27.(C)	28.(C)	29.(A)	30.(C)
31.(D)	32.(D)	33.(C)	34.(D)	35.(C)
36.(D)	37.(B)	38.(D)	39.(D)	40.(B)

子題 2

主管行程管理與差旅安排

1. 秘書需要掌握主管的每日行程作息表,最有效的方法是:

    (A) 不斷詢問主管

    (B) 憑經驗判斷

    (C) 善用桌上月曆,並與主管桌上那份同步

    (D) 主管自己會處理,不需介入

2. 秘書替主管安排行程,

    (A) 要把握每分每秒,排得越緊密越好

    (B) 來者不拒,先記錄下來再說

    (C) 不要太緊密,以免主管太勞累

    (D) 要先取得默契,通常上午用來思考、批閱、計畫;午餐與客戶社交或與部屬溝通;下午開會或洽公

3. 主管每日行程作息

    (A) 秘書記錄就好,再讓主管自己照表進行

    (B) 前一天下班前向主管提醒明天的重點行程

    (C) 當天提醒即可

    (D) 可能會隨時更改,隨興就好

4. 主管如外出洽商,秘書該做的事是:

    (A) 催他趕快出發以免遲到

    (B) 事前協助問清楚地址及交通資訊,並在出發前半小時提醒

    (C) 請主管順便帶些公文過去,省下快遞費

    (D) 主管出門前追問他何時回辦公室

5. 客戶來訪,如前一位超時尚未離開,下一位已抵,秘書要做的事是:

(A) 請下一位客戶先離開再約時間

(B) 不必理會,讓它自然發展

(C) 先向主管報告,秘書再親自接待至會客室稍坐並奉茶

(D) 請總機轉告訪客沙發稍坐等待

6. 如主管外出參加客戶公司週年慶祝,秘書要提醒的是:
   (A) 主管是否穿著整齊　　　　(B) 提醒帶邀請卡、名牌卡
   (C) 是否有帶禮物　　　　　　(D) 是否有帶手機

7. 盡責的秘書必然隨時
   (A) 掌握主管的行程並適時提醒　(B) 有些行程,主管不提就裝著不知道
   (C) 在辦公室緊盯主管的行蹤　　(D) 保持神祕,對同仁絕不透露主管行蹤

8. 主管需要拜訪新客戶,但路線不熟悉,秘書應該:
   (A) 建議主管先打電話問清楚
   (B) 秘書事先打聽清楚,提供一個詳細資訊給主管
   (C) 建議主管上網查詢
   (D) 給主管一個大概方向即可

9. 主管的辦公室,秘書必須
   (A) 保護主管,隨時將他的門關上
   (B) 隨時門戶大開,歡迎同仁自由出入
   (C) 秘書機動決定,讓什麼人進主管辦公室
   (D) 秘書堅守岡位,先向主管請示,以免主管時間被佔用、打亂

10. 安排主管行程的工具有許多種,秘書應該採用哪種較適合:
    (A) 自己覺得好用就好
    (B) 符合 3C 科技的工具
    (C) 隨便
    (D) 與主管溝通,取得默契,決定最適合彼此的工具

11. 主管國內出差需要過夜時,飯店的選擇考量應考慮:
    (A) 價錢便宜　　　　　　　　(B) 離車站近

(C) 安靜舒適　　　　　　　　　　(D) 離開會地點近

12. 國內出差，無論搭乘火車、飛機或公路局車，秘書應事先安排當地主辦單位或同仁至車站迎接，因為：
    (A) 表示主管很重要　　　　　　(B) 較方便及節省時間
    (C) 顯示主管有派頭　　　　　　(D) 表示秘書有照顧主管

13. 如有同行的同仁，並選擇開車南下，秘書可安排共乘，並請其中一位同仁負責開車，因為如果主管開車，免不了在路上談公事，這樣會造成：
    (A) 開車不能專心，可能導致意外　(B) 主管太勞累
    (C) 違反交通規則　　　　　　　(D) 彼此不能聽清楚談話內容

14. 有時需要帶重要外賓一起國內出差，如買不到車票，又不願坐飛機，以下最佳選擇是：
    (A) 包一輛計程車　　　　　　　(B) 主管自己開車
    (C) 請同事開車　　　　　　　　(D) 訂帶司機的租賃小轎車

15. 國內出差如需要帶秘書同行，遇到需要刷卡付帳時，秘書應該
    (A) 等主管回位請他刷卡　　　　(B) 裝著沒看見
    (C) 這是主管的事，不必插手　　(D) 先用自己的卡刷過，回公司再報帳

16. 主管出國考察，秘書必須先行檢查他的護照是否
    (A) 有效期一個月內　　　　　　(B) 有效期三個月內
    (C) 有效期六個月內　　　　　　(D) 有效期六個月以上

17. 如果主管常常需要出國，秘書應盡可能固定一家航空公司訂位，因為：
    (A) 主管與機員較熟　　　　　　(B) 主管與地勤人員較熟
    (C) 可以累績飛行哩數　　　　　(D) 可以選到好位子

18. 主管長途飛行，秘書需要幫他準備機上用得到的東西，以下哪種物品主管會最用得到：
    (A) 盥洗用品　　　　　　　　　(B) 拖鞋
    (C) 小說　　　　　　　　　　　(D) 攜帶型文具袋

19. 如果主管一年中需要多次出差至國外固定城市，秘書訂飯店時最好考慮：
    (A) 不同飯店以增加新鮮感　　　　　(B) 較便宜的飯店以節省費用
    (C) 常住的飯店以取得升等機會　　　(D) 較貴的飯店

20. 大型的國際會議，通常交由當地飯店或會議公司承辦，秘書需要及時上網報名，報名的時間最妥當的是：
    (A) 上班前　　　　　　　　　　　　(B) 下班後
    (C) 主管在辦公室時　　　　　　　　(D) 主管開會時

21. 主管出差免不了要準備開會資料，秘書應該採取什麼工作態度：
    (A) 等主管的指令才開始準備　　　　(B) 主管自己會處理，不必擔心
    (C) 平常心看待　　　　　　　　　　(D) 秘書應該視為優先處理，並全力以赴

22. 在訂機位時，秘書應考量的是：
    (A) 省錢第一　　　　　　　　　　　(B) 儘量直飛，減少轉機時間
    (C) 主管還年輕，多次轉機不是問題　(D) 全看旅行社安排

23. 主管出差，除了提醒他要帶兩種以上的信用卡，還要幫他準備一些當地現鈔，因為：
    (A) 方便他購買當地禮物
    (B) 逛市集時用
    (C) 購買巴士票、船票、計程車等小額交通費用
    (D) 帶些現金比較安心

24. 秘書必須掌握出差主管的行程、住宿飯店、開會場所等之聯絡資料，因為秘書是：
    (A) 管家婆　　　　　　　　　　　　(B) 有急事找主管的聯絡窗口
    (C) 主管辦公室守門者　　　　　　　(D) 地下主管

25. 主管的機票、信用卡、護照、簽證等旅行證件，秘書需要複印一份放在辦公室，你認為：
    (A) 無此必要　　　　　　　　　　　(B) 看情形
    (C) 怕主管生氣　　　　　　　　　　(D) 一定要

26. 平時擬定一個「主管出差注意事項」之標準作業流程，其中最重要事項是：
    (A) 行李是否打包妥當
    (B) 當地貨幣零用金
    (C) 照相機
    (D) 出國證件、機票、平安保險

27. 主管帶出國的簡報，秘書必須花許多時間協助製作。簡報的主要考量是：
    (A) 頁數越多表示越專業
    (B) 頁數越少越好
    (C) 最好加上大量動畫及色彩
    (D) 在簡報發表限定時間內決定適當的頁數，多用易懂圖表勝過長篇敘述

28. 整份簡報內容，除隨身碟外，秘書需要幫主管備份紙本及光碟隨身攜帶，因為：
    (A) 在家裡要看
    (B) 他去機場途中要看
    (C) 在候機室要看
    (D) 在機上要看

29. 出差相關資料包括簡報，最妥當的處理方式是：
    (A) 先 email 一份至當地住宿飯店之商務中心請代收
    (B) 放入行李箱中
    (C) 主管隨身攜帶
    (D) 一份放行李箱，一份請主管隨身攜帶

30. 如果主管出差超過一個禮拜，辦公室的工作由誰來負責：
    (A) 秘書兼代「地下主管」
    (B) 辦公室暫停運作，等主管回來
    (C) 主管指派並授權「職務代理人」
    (D) 秘書隨時與主管聯繫

31. 主管出國期間，秘書應該：
    (A) 堅守工作崗位，與主管的職務代理人充分配合，使辦公室正常運作
    (B) 申請休假
    (C) 趁機處理私事
    (D) 串門子打發時間

32. 主管出差時一通電話打進來，問秘書：公司裡有沒有重要事情，秘書的回答以下那種最恰當：
    (A) 沒有什麼事

(B) 等主管回來再處理

(C) 有重要事 (略述)，但是已請職務代理人處理

(D) 不清楚

33. 主管在國外臨時需要一些資料，秘書應該

(A) 盡全力支援、優先處理

(B) 交給相關同仁處理並請他直接回應主管

(C) 慢慢處理，反正兩地有時差

(D) 轉告職務代理人處理即可

34. 主管出國期間，秘書可以鬆口氣，彈性分配自己的時間，其中最推薦的事是：

(A) 上網　　　　　　　　　(B) 將剪報資料做好

(C) 整理檔案　　　　　　　(D) 看書

35. 主管出差要回國了，秘書首先務必做的事是：

(A) 收拾鬆散的心，準備好好上班

(B) 整理主管的桌面

(C) 整理自己的桌面

(D) 安排車到機場接機，並與接機者即時聯繫直到主管安全上車

36. 主管出差一陣子，剛回國的第一時間，秘書要協助他快速掌握辦公室現況，做法是：

(A) 打電話到他家，報告事項

(B) 將事項用簡訊向他報告

(C) 用 line 向他報告

(D) 準備透明夾，將文件依重要性排序，送主管家裡或請接機者帶至機場面交主管

37. 如果主管出差回來有重要報告與同仁分享，秘書的作法是：

(A) 儘快安排臨時會議

(B) 待下次例會再說

(C) 有空時再處理

(D) 將主管寫的手稿複印給部屬，並請他們馬上閱讀

38. 主管出差所預支的差旅費用，秘書要：

(A) 有空再處理   (B) 等月底跟一般費用報銷一起處理
(C) 以專案即刻處理   (D) 等下次出差一併處理

39. 這次國外出差，主管如受到特別款待，或有跟特別人士合照，回國後秘書應該：
  (A) 儘快準備謝卡寄出   (B) 下次有機會碰面時，提醒主管致謝
  (C) 這是主管私事，不宜介入   (D) 問主管要如何處理

40. 差旅安排，看來瑣事一堆，如果秘書事先能協助主管充分準備，這代表主管與秘書之間的互動是：
  (A) 有待改善   (B) 合作無間
  (C) 不怎麼樣   (D) 太超過常規

子題 2 答案

1.(C)	2.(D)	3.(B)	4.(B)	5.(C)
6.(B)	7.(A)	8.(B)	9.(D)	10.(D)
11.(D)	12.(B)	13.(A)	14.(D)	15.(D)
16.(D)	17.(C)	18.(D)	19.(C)	20.(C)
21.(D)	22.(B)	23.(C)	24.(B)	25.(D)
26.(D)	27.(D)	28.(D)	29.(D)	30.(C)
31.(A)	32.(C)	33.(A)	34.(C)	35.(D)
36.(D)	37.(A)	38.(C)	39.(A)	40.(B)

子題 3
秘書情緒管理與壓力紓解

1. 情緒管理得宜可以：
   (A) 決定生活品質　　　　　　(B) 影響自己與他人間的關係
   (C) 影響工作表現　　　　　　(D) 以上皆是

2. IQ 與 EQ 的互相關聯是：
   (A) 從「用腦」到「用心」有加乘作用　(B) 沒有關聯
   (C) EQ 比 IQ 重要　　　　　　(D) IQ 比 EQ 重要

3. 情緒管理最重要的技巧是：
   (A) 具慈悲心　　　　　　　　(B) 具攻擊心
   (C) 具權威心　　　　　　　　(D) 具同理心

4. 秘書如果有情緒問題，最好的作法是：
   (A) 大哭一場　　　　　　　　(B) 看心理醫生
   (C) 離開現場一陣子，待心情平靜下來　(D) 找主管理論

5. 面對非理性的客戶，首先要做的事是：
   (A) 耐心傾聽　　　　　　　　(B) 離開現場
   (C) 報警處理　　　　　　　　(D) 請主管親自處理

6. 同事間的相處有賴互相信任及合作，以下何者為非？
   (A) 官階大的一定是對的　　　(B) 大家要達成共識
   (C) 團結就是力量　　　　　　(D) 互相支援、配合

7. 面對非理性同事的爭執，秘書應該：
   (A) 作和事佬　　　　　　　　(B) 偏向較資深的同仁
   (C) 偏向新人　　　　　　　　(D) 保持公正無私的立場

8. 面對客戶抱怨，秘書的應對：
    (A) 自己作主，獨立解決問題　　　　(B) 推給主管處理
    (C) 告訴對方會盡力協助早點解決　　(D) 刻意隱瞞

9. 遇到客戶抱怨，語氣不佳時，以下何者不是秘書應該做的事？
    (A) 參與情緒性的意見　　　　　　　(B) 儘量傾聽及安撫
    (C) 告訴對方你會如何處理，並信守諾言　(D) 儘快稟報主管

10. 面對主管非理性的情緒，秘書需要：
    (A) 忍耐　　　　　　　　　　　　　(B) 切忌正面頂撞
    (C) 原諒他，忘記它　　　　　　　　(D) 以上皆要

11. 主管對秘書有誤解，說重話了，以下何者不是秘書該有的反應？
    (A) 理直氣壯　　　　　　　　　　　(B) 找尋事實佐證
    (C) 找時間解釋　　　　　　　　　　(D) 處之泰然

12. 辦公室裡如果同仁打聽主管是否有婚外情，秘書的態度應該：
    (A) 默認
    (B) 加油添醋
    (C) 四兩撥千金，不承認也不否認無法證實的傳聞
    (D) 與同仁熱烈討論

13. 職場上，秘密是雙面刃，每個職位都必須遵守秘密，不該說的就不說，以免：
    (A) 自己失寵　　　　　　　　　　　(B) 傷人又害己
    (C) 沒有盡到秘書的責任　　　　　　(D) 被嘲笑消息不夠靈通

14. 秘書在工作場所需要謹言慎行，以下不可到處透露的訊息是：
    (A) 同仁薪資　　　　　　　　　　　(B) 年終獎金或紅利分配細節
    (C) 各人考績結果　　　　　　　　　(D) 以上皆是

15. 同事借錢忘了還，你會：
    (A) 原諒她，錢也不用還了
    (B) 寫一封嚴肅的信給她，限期歸還

(C) 向人事部投訴

(D) 適當時機，客氣地提醒她，並將尾數零錢準備好

16. 情緒管理方法之一是「且慢發作」，意思是：
    (A) 停下來想，生氣會改變情況嗎？　　(B) 這事值得生氣嗎？
    (C) 生氣是想改變對方嗎？　　(D) 以上皆是

17. 客戶開會遲到，手機又沒開，大家都在等候，最後客戶終於現身了，秘書的第一句話應該是：
    (A)「你怎麼遲到了，大家都在等！」
    (B)「沒關係，反正大家還在閒聊。」
    (C)「下次請你務必準時！」
    (D)「已幫您報備有事耽擱，請馬上進會議室。」

18. 同事給你臉色看，你的反應應該是：
    (A) 以牙還牙，當場嗆回去　　(B)「幹什麼給我這種臉色看！」
    (C) 處之泰然，改天有適當時機勸她　　(D) 摔東西表示抗議

19. 有句話常常用來形容一個人「很情緒化」，這句話是指：
    (A) 對方的 EQ 很差　　(B) 對方是 EQ 高手
    (C) 對方表裡不一　　(D) 對方很真誠坦率

20. 秘書必須妥善控制情緒，最重要的原因是：
    (A) 秘書的情緒會直接影響到主管　　(B) 壞情緒會影響到工作表現
    (C) 壞情緒會影響到辦公室氣氛　　(D) 以上皆是

21. 許多事情想做不敢做，或是必須挑戰未知的領域，對自己沒有信心及把握，造成身心俱疲，這就是所謂的：
    (A) 毅力　　(B) 意志力
    (C) 壓力　　(D) 生病

22. 紓解壓力最有效的方法是：
    (A) 面對壓力　　(B) 改變壓力

(C) 逃避壓力　　　　　　　　　　(D) 自我調適

23. 職業婦女最大的壓力往往來自：
    (A) 婆婆　　　　　　　　　　　(B) 先生
    (C) 無法平衡工作與家庭　　　　(D) 金錢

24. 做自己不熟悉或不喜歡的工作，往往會造成：
    (A) 憂鬱症　　　　　　　　　　(B) 失眠症
    (C) 壓力　　　　　　　　　　　(D) 情緒不穩

25. 一個人的個性若是事事堅持追求完美，往往：
    (A) 不會有壓力　　　　　　　　(B) 很有壓力
    (C) 偶爾有壓力　　　　　　　　(D) 能與壓力共存

26. 工作量太重，常需要加班，導致體力不勝負荷，應該如何解決？
    (A) 辭職　　　　　　　　　　　(B) 聽天由命
    (C) 忍耐到極限為止　　　　　　(D) 與主管透過溝通解決這個問題

27. 希望調適自己的工作壓力，以下何者為非？
    (A) 靠音樂放鬆　　　　　　　　(B) 找家人吵架出氣
    (C) 打電話給好友吐苦水　　　　(D) 飼養寵物

28. 凡事正面思考的人，往往是最：
    (A) 快樂的人　　　　　　　　　(B) 憂心的人
    (C) 怪異的人　　　　　　　　　(D) 不可思議的人

29. 「選其所愛，愛其所選」的人，往往是最：
    (A) 能夠享受工作的樂趣　　　　(B) 浪費自己的人生
    (C) 無所適從　　　　　　　　　(D) 負面的人

30. 有效紓解壓力，再創工作熱情，建議可以做的事是：
    (A) 運動　　　　　　　　　　　(B) 旅行
    (C) 養寵物　　　　　　　　　　(D) 以上皆是

31. 對不該自己做的事要說「不」,也是紓解壓力的方法之一,拒絕時的態度應該:
    (A) 強硬
    (B) 躲避
    (C) 婉轉的說,並提供建議
    (D) 翻臉

32. 有說「壓力是好的更好,壞的更壞」,意指好的壓力會令你:
    (A) 更積極上進
    (B) 更難搞
    (C) 更計較
    (D) 更保護自己

33. 凡事愛做比較,會讓壓力更:
    (A) 沒影響
    (B) 輕鬆
    (C) 嚴重
    (D) 減輕

34. 根據研究,快樂的員工工作表現越好:
    (A) 要求加薪的比例越高
    (B) 離職率更高
    (C) 讓主管越擔心會流失人才
    (D) 效率與生產力也更會增加

35. 想提升競爭力,創造好業績,大家就要先從:
    (A) 懂得保持健康體力開始做起
    (B) 懂得要求加薪
    (C) 懂得讓主管開心做起
    (D) 懂得開始舒壓做起

36. 不紓解工作壓力會:
    (A) 生病
    (B) 顯得對工作有高度熱忱
    (C) 抗壓力超強
    (D) 討主管歡心

37. 每天定時運動的項目,一般上班族最容易做到的是:
    (A) 上健身房
    (B) 走路 30 分鐘
    (C) 爬山
    (D) 游泳

38. 同一個工作做久了,人會感到疲乏無趣,這時應該:
    (A) 要求學習新知的機會
    (B) 考慮轉調部門
    (C) 換個工作方式
    (D) 以上皆可

39. 做好時間管理:
    (A) 對工作壓力沒有幫助

(B) 會使工作壓力更大

(C) 可以降低壓力

(D) 訂好工作目標及計畫，有助於紓解壓力

40. 職場人際關係不好、溝通不良所造成的負面影響是：

(A) 無法分工合作，壓力更大　　(B) 因不能包容別人而孤立無援

(C) 辦公室氣氛不佳　　(D) 以上皆是

子題 3 答案

1.(D)	2.(A)	3.(D)	4.(C)	5.(A)
6.(A)	7.(D)	8.(C)	9.(A)	10.(D)
11.(A)	12.(C)	13.(B)	14.(D)	15.(D)
16.(D)	17.(D)	18.(C)	19.(A)	20.(D)
21.(C)	22.(D)	23.(C)	24.(C)	25.(B)
26.(D)	27.(B)	28.(A)	29.(A)	30.(D)
31.(C)	32.(A)	33.(C)	34.(D)	35.(D)
36.(A)	37.(B)	38.(D)	39.(D)	40.(D)

子題 4
如何創造雙贏團隊

1. 有一種主管喜歡文字報告，因此秘書寫字必須很工整，不能潦草，並且每件事情都必須向主管交代清楚。這樣的主管類型必定是：
   (A) 過程型主管　　　　　　　　　(B) 結果型主管
   (C) 聽型主管　　　　　　　　　　(D) Listening Type Character

2. 有一種主管很注重法治，不喜歡遲到早退，凡事都必須按規矩來，很少授權。這樣的主管必定是：
   (A) 過程型主管　　　　　　　　　(B) 結果型主管
   (C) 聽型主管　　　　　　　　　　(D) Listening Type Character

3. 有一種主管，凡事只注重結果，不注重細節，交代事情以後，並不會關心怎樣做，而是關心做好了沒有。這樣的主管必定是：
   (A) 過程型主管　　　　　　　　　(B) 讀型主管
   (C) 聽型主管　　　　　　　　　　(D) Reading Type Character

4. 有一種主管看來很悠閒，喜歡社交和參加各種活動，還能談笑用兵。這樣的主管必定是：
   (A) 過程型主管　　　　　　　　　(B) 聽型主管
   (C) 讀型主管　　　　　　　　　　(D) Reading Type Character

5. 如果是遇見_____，必須心細如髮、鉅細靡遺地把主管可能問的事情，提前一步都整理出來，不要等他問了，才一問三不知。
   (A) 聽型主管　　　　　　　　　　(B) 結果型主管
   (C) 過程型主管　　　　　　　　　(D) Listening Type Character

6. 如果秘書是與一位_____共事，記得不要去煩他。如果回答就一定要有結果，而不是詢問他這件事該怎麼辦。

(A) 過程型主管 (B) 讀型主管
(C) 結果型主管 (D) Reading Type Character

7. 如果主管是女性，個性通常不會偏向：
   (A) 激烈手段 (B) 柔性領導
   (C) 順其自然 (D) 情緒彰顯

8. 如果主管是男性，個性通常比較不會偏向：
   (A) 目標管理 (B) 牽涉到「人」的複雜情緒
   (C) 明確果斷 (D) 就事論事

9. 從事科技產業的主管，通常不會：
   (A) 側重思考 (B) 側重研發
   (C) 側重創意 (D) 年齡較大

10. 很看重成本效益，日常工作以節省開支、切勿浪費為最高原則。這樣的主管很可能就是：
    (A) 日商公司 (B) 外商公司
    (C) 傳統產業 (D) 科技產業的主管

11. _____喜歡用制度引導企業的進行，而非靠人情事故，與國際接軌。
    (A) 美商公司 (B) 日商公司
    (C) 本土公司 (D) 傳統產業

12. _____工作態度比較嚴謹，想要快速升遷，會比一般公司慢。
    (A) 美商公司 (B) 日系公司
    (C) 本土公司 (D) 傳統產業

13. 秘書進入職場後，必須要先了解工作環境、公司制度與主管工作的方法與習性。經過_____的試用期過後，就不能抱著凡事問，什麼都不懂的態度來上班了。
    (A) 一個月 (B) 兩個月
    (C) 三個月 (D) 四個月

14. 現代主管通常焦慮煩躁，困擾主管的十大問題之一是：

(A) 時常加班　　　　　　　　(B) 複雜瑣事
(C) 資金調度　　　　　　　　(D) 工作環境

15. 秘書經常感覺自己的工作沒有成就感，困擾秘書的十大問題之一是：
    (A) 管理不當　　　　　　　　(B) 閒言閒語
    (C) 欠缺專業　　　　　　　　(D) 人員流動

16. 大部分主管心中提出心目中所認定的＿＿＿＿＿，並不是幕僚的四種效用。
    (A) 監察　　　　　　　　　　(B) 顧問
    (C) 領導　　　　　　　　　　(D) 控制

17. 當一位主管任用秘書時，通常不會考慮下列哪一點因素？
    (A) 個性的搭配　　　　　　　(B) 家世背景
    (C) 共同的價值感　　　　　　(D) 相互的了解、尊重和溝通

18. 美國的一項調查中顯示，78% 的主管要求秘書的第一要件乃是：
    (A) 高學歷　　　　　　　　　(B) 好溝通
    (C) 有效率　　　　　　　　　(D) 可靠性

19. 主管在面試的時候，藉助性向測驗和自傳可以了解秘書很多，但是卻不容易了解面試者的：
    (A) 血型　　　　　　　　　　(B) 責任感
    (C) 價值觀念　　　　　　　　(D) 個性

20. 秘書的工作彈性很大，是主管的＿＿＿＿＿，擔任主管本人承擔、但是不合乎管理效益所累積下來的工作。
    (A) 顧問人員　　　　　　　　(B) 幕僚人員
    (C) 管理人員　　　　　　　　(D) 業務人員

21. 與上司相處，需要了解主管的＿＿＿＿＿，以便及早建立默契。
    (A) 每日作息表　　　　　　　(B) 私人帳務
    (C) 家庭　　　　　　　　　　(D) 習慣與工作方式

22. 主管生氣也是常有的事情，不必大驚小怪，不可以：

(A) 將他的約會挪開　　　　　　(B) 電話緩接
(C) 火上澆油　　　　　　　　　(D) 想辦法化解一番

23. 與同事相處之道，秘書應該注意避免_____，才能與同事打成一片。
(A) 真心關切別人　　　　　　　(B) 欣賞別人長處
(C) 任意發號施令　　　　　　　(D) 傳達有技巧

24. 秘書和主管必須及早建立一個團隊，才能真正達到工作的高效率。要建立這樣的團隊必須有：
(A) 同質性　　　　　　　　　　(B) 共識
(C) 共同目標　　　　　　　　　(D) 合作精神

25. 團隊領導人物必須有一項策略來檢視這個團隊，團隊領導人物不能：
(A) 劃分任務不明確　　　　　　(B) 識才留才
(C) 以身作則　　　　　　　　　(D) 將自己的願景說清楚、講明白

26. 團隊精神就是要表現出_____的工作態度，才能達到雙贏的目的。
(A) 分化性　　　　　　　　　　(B) 一致性
(C) 多元性　　　　　　　　　　(D) 專業性

27. 團隊的成敗需要正確的評估與績效的考核，下列哪一項不是評估的原因？
(A) 淘汰員工　　　　　　　　　(B) 想辦法激勵員工
(C) 發給績效獎金　　　　　　　(D) 確認是否有所改進

28. 秘書必須擁有高超的_____與良好的溝通能力，才能受到大家的信任與尊重。
(A) 口語表達技巧　　　　　　　(B) 卓越的演藝技巧
(C) 令人激賞的社交能力　　　　(D) 左右逢源的人脈關係

29. 專業的秘書須懂得推敲主管的心態，立即抓住主管處事原則的方向，應_____，才能迅速拉近與主管之間的距離。
(A) 鞠躬作揖　　　　　　　　　(B) 經常詢問
(C) 主動配合　　　　　　　　　(D) 等候命令

30. 秘書應該常常充實自己對各產業的認識，吸收新知，培養廣泛興趣，讓自己成為一

個_____幕僚，不論遇到哪一類型的主管，都能輕鬆以對。

(A) 服務型　　　　　　　　　　(B) 結果型

(C) 顧問型　　　　　　　　　　(D) 專業型

31. 秘書必須察言觀色，如果遇見_____，工作一定要謹慎，每做完一件事要再三檢查後，才能交卷。

    (A) 細心的上司　　　　　　　　(B) 性急的上司

    (C) 愛交際的上司　　　　　　　(D) 沒時間觀念的上司

32. 秘書必須察言觀色，如果遇見_____，要能判斷輕重緩急，才能達到要求。

    (A) 細心的上司　　　　　　　　(B) 性急的上司

    (C) 愛交際的上司　　　　　　　(D) 沒時間觀念的上司

33. 秘書必須察言觀色，如果遇見_____，要研究他的重要客戶群，資料隨時更新，並以熱情負責的態度應對。

    (A) 細心的上司　　　　　　　　(B) 性急的上司

    (C) 愛交際的上司　　　　　　　(D) 沒時間觀念的上司

34. 秘書必須察言觀色，如果遇見_____，秘書要有組織能力、主動提醒、替他收集資料、隨時寫小紙條提醒他。

    (A) 細心的上司　　　　　　　　(B) 性急的上司

    (C) 愛交際的上司　　　　　　　(D) 沒時間觀念的上司

35. 所謂默契，即是不用上司開口，你已經知道怎麼做。培養默契時切記不要：

    (A) 花時間了解上司的個性　　　(B) 研究他的個人隱私

    (C) 經常溝通　　　　　　　　　(D) 了解彼此的想法和做法

36. 如果發現上司是_____，秘書大可放心做事，只需將成果稟告即可。

    (A) 授權導向　　　　　　　　　(B) 攬權導向

    (C) 自私自利　　　　　　　　　(D) 毫無人情味

37. 秘書要有 forgive and forget 的氣度，有時挨罵也是學習的機會。這時秘書要多_____上司的優點。

(A) 厭惡 　　　　　　　　　　(B) 指責
(C) 欣賞 　　　　　　　　　　(D) 唾棄

38. Secretary 這個字的本意是：
    (A) Keep-secret 　　　　　　(B) Take-secret
    (C) Secret-taker 　　　　　　(D) Secret-keeper

39. 上司如果沒有將事情交代清楚，秘書就應該盡量_____，藉以完成任務。
    (A) 推卸責任 　　　　　　　(B) 忍耐
    (C) 不敢問 　　　　　　　　(D) 猜測

40. 在辦公室裡，秘書除了要常與上司溝通外，還必須扮演搭起上司與部屬間溝通的_____，例如在忙碌時候不被打擾、嚴格把關。
    (A) 渠道 　　　　　　　　　(B) 橋樑
    (C) 鴻溝 　　　　　　　　　(D) 傳令兵

子題 4 答案

1.(A)	2.(A)	3.(C)	4.(B)	5.(C)
6.(C)	7.(A)	8.(B)	9.(D)	10.(C)
11.(A)	12.(B)	13.(C)	14.(C)	15.(B)
16.(C)	17.(B)	18.(D)	19.(A)	20.(B)
21.(D)	22.(C)	23.(C)	24.(A)	25.(A)
26.(B)	27.(A)	28.(A)	29.(C)	30.(A)
31.(A)	32.(B)	33.(C)	34.(D)	35.(B)
36.(A)	37.(C)	38.(D)	39.(B)	40.(B)

主題五 秘書之行銷企畫技巧

子題 1　企業產品組合策略

子題 2　企業產品開發與管理

子題 3　企業產品訂價策略

子題 4　企業產品配銷策略

子題 5　企業產品推廣策略

子題 6　企業產品廣告與促銷策略

子題 1
企業產品組合策略

1. 產品對其目標顧客需存在利益與價值之產品層次為：
   (A) 核心顧客價值　　　　　　　(B) 基本產品
   (C) 增益產品　　　　　　　　　(D) 期望產品

2. 產品為了有利與競爭者有效競爭，所發展之產品層次為：
   (A) 核心顧客價值　　　　　　　(B) 基本產品
   (C) 增益產品　　　　　　　　　(D) 期望產品

3. 消費者目前還不知道，或是消費者知曉，但尚無購買意願的產品為：
   (A) 工業品　　　　　　　　　　(B) 選購品
   (C) 特殊品　　　　　　　　　　(D) 忽略品

4. 顧客在購買時會針對產品價格與品質進行比較後才購買的產品為：
   (A) 便利品　　　　　　　　　　(B) 選購品
   (C) 特殊品　　　　　　　　　　(D) 忽略品

5. 消費者不需花費時間和精力找尋相關資訊之產品為：
   (A) 便利品　　　　　　　　　　(B) 選購品
   (C) 特殊品　　　　　　　　　　(D) 工業品

6. 消費者會對特定品牌產生特殊的品牌偏好與辨認之產品為：
   (A) 便利品　　　　　　　　　　(B) 忽略品
   (C) 特殊品　　　　　　　　　　(D) 選購品

7. 下列何者是經過基本加工程序，之後也成為製成品一部份的產品：
   (A) 原物料　　　　　　　　　　(B) 營運消耗品
   (C) 輔助設備　　　　　　　　　(D) 資本財

8. 下列何者不屬於工業品種類中的原物料：
   (A) 維護、操作、修理項目 (MRO items)　(B) 鐵礦砂
   (C) 木材　(D) 小麥、黃豆

9. 鐵釘、油漆、鉛筆及潤滑油屬於：
   (A) 原物料　(B) 零組件
   (C) 輔助設備　(D) 耗材

10. _____指一群相關的產品，具有相似的功能，或是相同製造程序，或是賣給同一區隔顧客。
    (A) 產品項目　(B) 產品線
    (C) 產品組合　(D) 產品一致性

11. 代表產品品質的兩個構面為：
    (A) 功能與耐用性　(B) 式樣與設計
    (C) 創新與外觀　(D) 一致性與水準

12. 下列何者代表一個名稱、專門用語、標誌或設計，或前述各項的組合，用以辨認銷售者的產品或服務，與競爭者有所差異化？
    (A) 品牌　(B) 服務
    (C) 產品　(D) 通路

13. 下列何者不是品牌所包含的要素？
    (A) 標誌　(B) 符號
    (C) 名稱　(D) 服務

14. 產品組合構面不包括下列何者？
    (A) 廣度　(B) 長度
    (C) 一致性　(D) 以上皆是

15. 品牌通常是符號或設計之圖案，不能發聲的部份稱為：
    (A) 品標　(B) 品名
    (C) 品牌權益　(D) 商標

16. 品牌權益包括下列何者？
    (A) 知覺品質　　　　　　　　　(B) 品牌知名度
    (C) 品牌忠誠度　　　　　　　　(D) 以上皆是

17. ＿＿＿＿＿＿＿為品牌、品牌名稱及符號等組成的品牌資產，能為消費者及公司提供價值。
    (A) 品牌評價　　　　　　　　　(B) 品牌標誌
    (C) 品牌權益　　　　　　　　　(D) 品牌忠誠度

18. Aaker 主張品牌權益包括五個構面，能夠創造產品價值，下列何者不在其中？
    (A) 品牌標誌　　　　　　　　　(B) 品牌知名度
    (C) 知覺品牌品質　　　　　　　(D) 品牌忠誠度

19. 衡量品牌忠誠度常用的指標為：
    (A) 品牌標誌　　　　　　　　　(B) 品牌認知
    (C) 品牌熟悉度　　　　　　　　(D) 顧客滿意度和重複購買行為

20. 消費者在特定的產品類別中，能夠接受公司品牌及認知的程度稱為：
    (A) 品牌標誌　　　　　　　　　(B) 品牌知名度
    (C) 知覺品牌品質　　　　　　　(D) 品牌忠誠度

21. 消費者對於某一項產品的主觀判定，與其他品牌的差異，並為消費者心中考慮購買的品牌，即是：
    (A) 品牌知名度　　　　　　　　(B) 品牌聯想
    (C) 知覺品牌品質　　　　　　　(D) 品牌忠誠度

22. 消費者看到或聽到此品牌，包括產品功能、特色等任何與品牌有關連的事物稱為：
    (A) 知覺品質　　　　　　　　　(B) 品牌知名度
    (C) 品牌忠誠度　　　　　　　　(D) 品牌聯想

23. 由批發商或零售商發展出來的品牌為：
    (A) 全國性品牌　　　　　　　　(B) 家族品牌
    (C) 私人品牌　　　　　　　　　(D) 授權品牌

24. 產品品牌由生產製造廠商發展出來，並歸屬製造商者為：
    (A) 全國性品牌　　　　　　　　　(B) 家族品牌
    (C) 私人品牌　　　　　　　　　　(D) 授權品牌

25. 產品品牌由生產製造廠商發展出來，並歸屬製造商的優點為：
    (A) 有利於小規模製造商　　　　　(B) 產品的控制可較好
    (C) 可提高品牌熟悉度　　　　　　(D) 不需進行品牌推廣

26. 下列何者不是零售商發展自有品牌的優點？
    (A) 可獲市場的認定　　　　　　　(B) 通路的控制較好
    (C) 不需花費太多推廣費用　　　　(D) 產品銷售利潤較高

27. 公司以相同品牌名稱銷售旗下所有產品稱為：
    (A) 全國性品牌　　　　　　　　　(B) 家族品牌
    (C) 私人品牌　　　　　　　　　　(D) 混合品牌

28. 企業將旗下不同的產品項目給予不同的品牌名稱為：
    (A) 全國性品牌　　　　　　　　　(B) 個別品牌
    (C) 私人品牌　　　　　　　　　　(D) 混合品牌

29. 在現有的產品類別和品牌中，推出不同規格之產品，供消費者有多樣化的選擇，是屬於下列何種品牌策略？
    (A) 新品牌　　　　　　　　　　　(B) 品牌延伸
    (C) 多重品牌　　　　　　　　　　(D) 產品線延伸

30. 企業以既有的品牌推出新產品，使消費者有更多的產品選擇，可增加消費者對企業品牌的忠誠度，是屬於下列何種品牌策略？
    (A) 新品牌　　　　　　　　　　　(B) 品牌延伸
    (C) 多重品牌　　　　　　　　　　(D) 產品線延伸

31. 企業以新品牌在既有的產品類別推出新產品，以提供更多品牌讓顧客選擇，並可防止競爭者瓜分市場，是屬於下列何種品牌策略？
    (A) 新品牌　　　　　　　　　　　(B) 品牌延伸

(C) 多重品牌 (D) 產品線延伸

32. 企業推出與原產品類別不同的新產品時，以新品牌引用到新產品類別，是屬於下列何種品牌策略？
    (A) 新品牌 (B) 品牌延伸
    (C) 多重品牌 (D) 產品線延伸

33. 企業以現有品牌在現有產品類別下增添高價產品，是屬於下列何種策略？
    (A) 向下延伸 (B) 產品線延伸
    (C) 雙向延伸 (D) 向上延伸

34. 企業以現有品牌在現有產品類別下增添較低價、較低品質的產品，是屬於下列何種策略？
    (A) 向下延伸 (B) 產品線延伸
    (C) 雙向延伸 (D) 向上延伸

35. Swatch 集團推出 Swatch、TISSOT、LONGINES、OMEGA 等不同品牌的手錶，是採用何種品牌策略？
    (A) 新品牌 (B) 品牌延伸
    (C) 多重品牌 (D) 產品線延伸

36. Apple 推出 iPhone 手機系列後，之後又推出 iPad、iPod 等不同種類產品，以滿足不同區隔消費者的需求，是採用何種品牌策略？
    (A) 全國性品牌 (B) 品牌延伸
    (C) 產品線延伸 (D) 混合品牌

37. 廠商在同一個產品類別中，使用兩個或兩個以上的品牌的優點，下列何者為非？
    (A) 減少推廣費用支出 (B) 吸引偏好品牌移轉的消費者
    (C) 增加市場競爭的籌碼 (D) 搶佔陳列空間

38. 下列何者為產品線延伸的優點？
    (A) 減少推廣費用支出 (B) 吸引偏好品牌移轉的消費者
    (C) 增加市場競爭的籌碼 (D) 搶佔陳列空間

39. 大同公司生產液晶電視等家庭電器產品,並以大同這一品牌來行銷其產品,是採用何種品牌策略?
    (A) 自有品牌
    (B) 製造商品牌
    (C) 共同品牌
    (D) 混合品牌

40. 大同公司生產生產液晶電視、電腦或電鍋,一律使用大同作為品牌,請問是採用何種品牌策略?
    (A) 個別品牌
    (B) 家族品牌
    (C) 分類家族品牌
    (D) 共同品牌

41. 在好市多店裡我們看到許多品牌為「Kirkland」的產品,請問這些商品的品牌是:
    (A) 私人品牌
    (B) 全國性品牌
    (C) 授權品牌
    (D) 共同品牌

42. 信用卡發卡銀行與中間商合作發行聯名卡,如國泰世華銀行發行 Costco 聯名卡,屬於下列何品牌策略?
    (A) 自有品牌
    (B) 全國性品牌
    (C) 共同品牌
    (D) 混合品牌

43. 杜邦鐵氟龍、衣服強調 Gore-Tex 的成份,這些產品將原物料與品牌相結合,請問我們稱其是以下何種品牌?
    (A) 混合品牌
    (B) 聯合品牌
    (C) 要素品牌
    (D) 授權品牌

44. 將兩個或兩個以上的品牌一起出現在產品或產品的包裝上,稱為何種品牌策略?
    (A) 授權品牌
    (B) 混合品牌
    (C) 品牌延伸
    (D) 共同品牌

45 P&G 在洗髮精的市場中推出了飛柔、潘婷、沙宣、海倫仙度絲等品牌,是採用何種品牌策略?
    (A) 新品牌
    (B) 品牌延伸
    (C) 多重品牌
    (D) 產品線延伸

子題 1 答案

1.(A)	2.(C)	3.(D)	4.(B)	5.(A)
6.(C)	7.(A)	8.(A)	9.(D)	10.(B)
11.(D)	12.(A)	13.(D)	14.(D)	15.(A)
16.(D)	17.(C)	18.(A)	19.(D)	20.(B)
21.(C)	22.(D)	23.(C)	24.(A)	25.(B)
26.(A)	27.(B)	28.(B)	29.(D)	30.(B)
31.(C)	32.(A)	33.(D)	34.(A)	35.(C)
36.(B)	37.(A)	38.(A)	39.(B)	40.(B)
41.(A)	42.(C)	43.(C)	44.(B)	45.(C)

子題 2

企業產品開發與管理

1. 下列何種型態的創新已改變了現有產品的基本功能或使用方法？
   (A) 連續性創新品　　　　　　　　(B) 溫和式的創新品
   (C) 動態連續創新　　　　　　　　(D) 非連續性創新

2. 下列何種型態的創新指帶來新發明、產品的形式、使用方式等是前未有的？
   (A) 連續性創新品　　　　　　　　(B) 緩和式的創新品
   (C) 動態連續創新　　　　　　　　(D) 非連續性創新

3. 下列何種型態的創新對現存產品進行功能加強或改善，例如微軟 Windows 軟體？
   (A) 連續性創新品　　　　　　　　(B) 緩和式的創新品
   (C) 動態連續創新　　　　　　　　(D) 非連續性創新

4. 下列何種型態的創新，創新程度最低，所花研發成本較其他方式為低，且與現有消費者習慣相容性較高？
   (A) 連續性創新品　　　　　　　　(B) 緩和式的創新品
   (C) 動態連續創新　　　　　　　　(D) 非連續性創新

5. 新產品開發流程的第一個步驟為何？
   (A) 創意的篩選　　　　　　　　　(B) 新產品創意發想
   (C) 概念測試與發展　　　　　　　(D) 商業化分析

6. 新產品發展流程的最後一個步驟是：
   (A) 商業化分析　　　　　　　　　(B) 建立新產品策略
   (C) 產品發展　　　　　　　　　　(D) 正式上市

7. 新產品創意來源，不可能來自：
   (A) 銷售人員　　　　　　　　　　(B) 研究機構

(C) 金融機構　　　　　　　　　　(D) 顧客和配銷商

8. 新產品概念決定後，行銷人員必須預估未來市場的需求、成本、銷售量及競爭者，這是屬於新產品開發流程哪一步驟？
   (A) 發展商業分析　　　　　　　　(B) 建立新產品策略
   (C) 概念測試　　　　　　　　　　(D) 創意篩選

9. 行銷人員必須預估未來市場的需求、成本、銷售量及競爭者後，下一個步驟是：
   (A) 發展商業分析　　　　　　　　(B) 產品開發與測試
   (C) 試銷　　　　　　　　　　　　(D) 正式上市

10. 為了和競爭者共同炒熱市場，以創造消費者的需求，同時也可和競爭者共同分擔昂貴的消費者教育成本，屬於下列哪一上市時機？
    (A) 同步上市　　　　　　　　　　(B) 領先上市
    (C) 落後上市　　　　　　　　　　(D) 以上皆是

11. ＿＿＿＿＿指從消費者的觀點出發，將產品創意由消費者利益的角度，藉以定義產品形態與產品特性？
    (A) 產品創意　　　　　　　　　　(B) 產品意象
    (C) 產品概念　　　　　　　　　　(D) 產品雛型

12. 產品創意產生後，必須經過嚴格的生產和行銷標準過濾，以避免採用與摒棄的錯誤，這是屬於新產品開發流程哪一步驟？
    (A) 發展商業分析　　　　　　　　(B) 建立新產品策略
    (C) 概念測試　　　　　　　　　　(D) 創意篩選

13. 企業結合相關生產、設計、行銷事業單位人員，進行產品的實際開發，這是屬於新產品開發流程哪一步驟？
    (A) 產品開發與測試　　　　　　　(B) 建立新產品策略
    (C) 發展商業分析　　　　　　　　(D) 創意篩選

14. 下列何者是指在新產品發展過程中，從製造廠商的角度提供市場一種新產品的構想？

(A) 產品創意 (B) 產品意象
(C) 產品概念 (D) 產品雛型

15. 運用少量資源，將少量產品導入市場，以了解市場潛在消費者的反應，這是屬於新產品開發流程哪一步驟？
    (A) 產品開發與測試 (B) 試銷
    (C) 發展商業分析 (D) 創意篩選

16. 數位相機不需裝置底片，又可無限次數拍攝，並立即看到效果，所以數位相機能被消費者快速接受的產品特徵為：
    (A) 易感受性 (B) 相對優點
    (C) 複雜性 (D) 可嘗試性

17. 較低單價及較小包裝的新產品可加速消費者的接受度，所以該新產品能被消費者快速接受的產品特徵為：
    (A) 易感受性 (B) 相對優點
    (C) 複雜性 (D) 可嘗試性

18. 通常會成為意見領袖，且在產品生命週期較早期階段就採用新產品的消費者為何？
    (A) 創新者 (B) 早期採納者
    (C) 早期大眾 (D) 晚期大眾

19. 下列哪一種情況有助於新產品的採用速度？
    (A) 很少有試用此產品的機會
    (B) 使用新產品的結果很難被察覺
    (C) 瞭解與使用新產品的困難度高
    (D) 與消費者現存的價值觀、生活型態及價值觀較一致

20. 在晚期大眾消費者中，促使他們採用與購買創新產品的原因為何？
    (A) 團體壓力的影響 (B) 電視報導
    (C) 企業主辦的促銷活動 (D) 廣告宣傳

21. 在產品生命週期中的哪個階段銷售金額開始快速成長，許多競爭者會先後進入市

場,產業利潤最大?
(A) 導入期　　　　　　　　　　(B) 成長期
(C) 成熟期　　　　　　　　　　(D) 衰退期

22. 在產品生命週期中的哪個階段產業銷售額最高,價格競爭最激烈?
(A) 導入期　　　　　　　　　　(B) 成長期
(C) 成熟期　　　　　　　　　　(D) 衰退期

23. 一般而言,在產品生命週期中的哪個階段歷時最久?
(A) 導入期　　　　　　　　　　(B) 成長期
(C) 成熟期　　　　　　　　　　(D) 衰退期

24. 在產品生命週期的哪一階段,企業會撤掉一些績效不彰的通路和減少推廣費用?
(A) 導入期　　　　　　　　　　(B) 成長期
(C) 成熟期　　　　　　　　　　(D) 衰退期

25. 銷售量很小,競爭者也很少,由於配銷與廣告費用很高,導致利潤微薄,這是處於產品生命週期的哪一階段?
(A) 導入期　　　　　　　　　　(B) 成長期
(C) 成熟期　　　　　　　　　　(D) 衰退期

子題 2 答案

1.(C)	2.(D)	3.(A)	4.(A)	5.(B)
6.(D)	7.(C)	8.(A)	9.(B)	10.(A)
11.(C)	12.(D)	13.(A)	14.(A)	15.(B)
16.(B)	17.(D)	18.(B)	19.(D)	20.(A)
21.(B)	22.(C)	23.(C)	24.(D)	25.(A)

子題 3
企業產品訂價策略

1. 影響產品價格的因素有很多，下列何者決定產品價格的「下限」？
   (A) 產品成本
   (B) 競爭情勢
   (C) 政府法令
   (D) 行銷組合變數

2. 影響產品價格的因素有很多，下列何者決定產品價格的「上限」？
   (A) 競爭情勢
   (B) 顧客反應
   (C) 政府法令
   (D) 行銷組合變數

3. 影響產品價格的因素可分為內部因素與外部因素。下列何者屬於產品訂價的外部因素？
   (A) 生產要素的成本
   (B) 行銷目標
   (C) 市場需求
   (D) 產品品牌

4. 影響產品價格的因素，可分為內部因素與外部因素。下列何者屬於產品訂價的內部因素？
   (A) 競爭情勢
   (B) 顧客反應
   (C) 政府法令
   (D) 行銷目標

5. 影響產品價格的因素可分為內部因素與外部因素。下列何者不屬於產品訂價的外部因素？
   (A) 市場需求
   (B) 競爭狀況
   (C) 訂價目標
   (D) 通路成員期望

6. 影響產品價格的因素可分為內部因素與外部因素。下列何者不屬於產品訂價的內部因素？
   (A) 顧客反應
   (B) 企業文化
   (C) 企業價值觀
   (D) 行銷目標

7. 廠商在決定產品價格時，必須考慮下列哪些因素？
   (A) 成本
   (B) 需求
   (C) 競爭
   (D) 以上皆是

8. 影響產品價格的因素可分為內部因素與外部因素。下列何者不屬於產品訂價的內部因素？
   (A) 組織與行銷目標
   (B) 訂價目標
   (C) 競爭情勢
   (D) 行銷目標

9. 影響產品價格的因素可分為內部因素與外部因素。下列何者不屬於產品訂價的外部因素？
   (A) 行銷目標
   (B) 通路成員期望
   (C) 政府政策改變
   (D) 利率變動

10. 下列何者是企業為了獲取高銷售量和市場佔有率，為其訂價目標？
    (A) 維持現況導向
    (B) 銷售導向
    (C) 目標回收
    (D) 利潤導向

11. 廠商設定目標盈餘或目標投資報酬率為訂價目標者稱為：
    (A) 維持現況導向
    (B) 銷售導向
    (C) 目標回收
    (D) 利潤導向

12. 廠商以高產品品質或優越服務，以維持其高品質形象為訂價目標者稱為：
    (A) 維持現況導向
    (B) 銷售導向
    (C) 品質領導導向
    (D) 利潤導向

13. 廠商通常不採取價格競爭，而以促銷等要素來吸引顧客為訂價目標者稱為：
    (A) 維持現況導向
    (B) 銷售導向
    (C) 非經濟性導向
    (D) 利潤導向

14. 有些非營利機構將價格訂在低於成本價位上，以較低價格來銷售其產品為訂價目標者稱為：
    (A) 維持現況導向
    (B) 銷售導向

(C) 非經濟性導向　　　　　　　　(D) 利潤導向

15. 在下列何種訂價目標下,廠商通常會將產品的價格訂得比較高?
    (A) 維持現況導向　　　　　　　(B) 銷售導向
    (C) 品質領導導向　　　　　　　(D) 利潤導向

16. 在下列何種訂價目標下,廠商通常會將產品的價格訂得比較低?
    (A) 維持現況導向　　　　　　　(B) 銷售導向
    (C) 品質領導導向　　　　　　　(D) 利潤導向

17. 當價格競爭易使市場行情產生激烈變化時,企業不考慮本身的成本,以競爭者的價格做為訂價的基礎,是採取何種訂價法?
    (A) 成本導向訂價法　　　　　　(B) 競爭導向訂價法
    (C) 顧客導向訂價法　　　　　　(D) 目標報酬訂價法

18. 針對顧客的需求變化,設定產品售價,再倒推廠商的生產成本的訂價法?
    (A) 成本導向訂價法　　　　　　(B) 競爭導向訂價法
    (C) 顧客導向訂價法　　　　　　(D) 目標報酬訂價法

19. 下列何者訂價法又可分為現行水平訂價法和談判訂價法?
    (A) 成本導向訂價法　　　　　　(B) 競爭導向訂價法
    (C) 顧客導向訂價法　　　　　　(D) 目標報酬訂價法

20. 下列何者為企業最常見也最簡單的訂價法?
    (A) 成本導向訂價法　　　　　　(B) 競爭導向訂價法
    (C) 顧客導向訂價法　　　　　　(D) 目標報酬訂價法

21. 根據顧客對該產品可以接受的價格,倒推產品之成本,訂定出產品之價格的訂價法?
    (A) 認知價值訂價法　　　　　　(B) 競爭導向訂價法
    (C) 需求回溯訂價法　　　　　　(D) 目標報酬訂價法

22. 請問全球最大零售商沃爾瑪 (Wal-Mart),推行「天天都便宜」的策略,是採用何種訂價方式?

(A) 價值訂價法　　　　　　　　　(B) 競爭導向訂價法
(C) 需求回溯訂價法　　　　　　　(D) 目標報酬訂價法

23. 下列何種訂價方法不屬於競爭導向訂價法？
    (A) 流行訂價法　　　　　　　　(B) 習慣訂價法
    (C) 談判訂價法　　　　　　　　(D) 拍賣訂價法

24. 認知價值訂價法，是依據顧客對產品的認知價值決定其價格，下列何者最不是影響消費者知覺產品價值的因素？
    (A) 產品的外觀設計　　　　　　(B) 產品品牌形象
    (C) 產品的營銷費用　　　　　　(D) 產品品質意象

25. 產品單位成本為 32 元，若欲賺取 20% 的加成，則產品價格應訂為：
    (A) 38.4 元　　　　　　　　　　(B) 40 元
    (C) 64 元　　　　　　　　　　　(D) 50 元

26. 產品固定成本為 40 萬元，單位變動成本為 15 元，達損益平衡時之銷售數量為 80000，則產品售價應為：
    (A) 20 元　　　　　　　　　　　(B) 30 元
    (C) 40 元　　　　　　　　　　　(D) 50 元

27. 下列哪一種市場類型是指市場商品的價格會趨於一致，廠商只能接受由市場所決定的價格？
    (A) 完全競爭市場　　　　　　　(B) 完全獨占市場
    (C) 壟斷性競爭市場　　　　　　(D) 寡占競爭市場

28. 下列哪一種市場類型是指廠商數目比較少，廠商都具備控制價格的能力？
    (A) 完全競爭市場　　　　　　　(B) 完全獨占市場
    (C) 壟斷性競爭市場　　　　　　(D) 寡占競爭市場

29. 下列哪一種市場類型是指產業存在著許多競爭的廠商，消費者具多樣化選擇，廠商須藉產品差異化，以爭取消費者購買其產品？
    (A) 完全競爭市場　　　　　　　(B) 完全獨占市場

(C) 壟斷性競爭市場　　　　　　　(D) 寡占競爭市場

30. 某一產業中只有一家廠商，而且其生產的產品沒有其它的替代品存在，這是哪一種市場類型？
    (A) 完全競爭市場　　　　　　　(B) 完全獨占市場
    (C) 壟斷性競爭市場　　　　　　(D) 寡占競爭市場

31. 許多公司在推出新產品時，訂定較高之價格賺取高利潤，這種訂價策略稱為：
    (A) 市場滲透訂價法　　　　　　(B) 心理訂價法
    (C) 差別訂價法　　　　　　　　(D) 市場吸脂訂價法

32. 許多公司在推出新產品時，常以低價吸引大量消費者購買，以便快速獲取大多數的市場，這種訂價策略稱為：
    (A) 市場滲透訂價法　　　　　　(B) 心理訂價法
    (C) 差別訂價法　　　　　　　　(D) 市場吸脂訂價法

33. 下列何者情況適合採用市場滲透訂價策略？
    (A) 價格彈性小的產品　　　　　(B) 高品質意象
    (C) 快速回收成本　　　　　　　(D) 價格彈性高的產品

34. 下列何者情況不適合採用市場吸脂訂價策略？
    (A) 消費者的價格敏感度很高　　(B) 高品質意象
    (C) 快速回收成本　　　　　　　(D) 消費者的價格敏感度很低

35. 下列何者情況不適合採用市場滲透訂價策略？
    (A) 快速搶佔市場　　　　　　　(B) 消費需求低的產品
    (C) 消費者購買能力不高　　　　(D) 消費者的價格敏感度很高

36. 三星手機在中國大陸採取高價策略，平均單價都在人民幣 5000 元以上。請問三星採用的訂價策略為何？
    (A) 市場滲透訂價法　　　　　　(B) 心理訂價法
    (C) 差別訂價法　　　　　　　　(D) 市場吸脂訂價法

37. 南韓三星發表新手機 GALAXY Note 3 的第二天，中國大陸小米科技隨即發布年度

新品小米手機，16 GB 版本售價人民幣 1999 元 (約合新台幣 1 萬元)，請問小米手機採用的訂價策略為何？
(A) 市場滲透訂價法
(B) 心理訂價法
(C) 差別訂價法
(D) 市場吸脂訂價法

38. 下列何者不屬於心理訂價策略？
(A) 威望訂價法
(B) 畸零訂價法
(C) 差別訂價法
(D) 犧牲打訂價

39. 印表機之業者以低價出售印表機，卻提高碳粉匣之售價，這種方式之訂價稱為：
(A) 副產品訂價
(B) 產品組合訂價
(C) 搭售訂價
(D) 互補訂價

40. 把兩個以上的產品組合在一起銷售，像手機業者常用的手機配門號方案，這種方式之訂價稱為：
(A) 副產品訂價
(B) 產品組合訂價
(C) 搭售訂價
(D) 互補訂價

41. _____是指經銷商或通路成員，願意為製造商執行某些服務，如展售的贊助，製造商給這些成員的折扣。
(A) 現金還本
(B) 功能性折扣
(C) 數量折扣
(D) 換入折讓

42. 有家電業以「舊機換新機」，希望顧客將舊品換新品所給予的優惠，此種訂價策略為何？
(A) 現金還本
(B) 功能性折扣
(C) 數量折扣
(D) 換入折讓

43. 百貨公司換季大拍賣是屬於何種促銷方法？
(A) 現金還本
(B) 功能性折扣
(C) 季節性折扣
(D) 犧牲打訂價

44. 廠商將同一產品針對不同的顧客，擬定不同的價格，稱為何種訂價？

(A) 差別訂價 　　　　　　　　(B) 威望訂價法
(C) 心理訂價法　　　　　　　(D) 犧牲打訂價

45. 電影院的門票票價依不同的年齡及身分，而有全票、學生票等，這是何種訂價策略？
(A) 差別訂價 　　　　　　　　(B) 威望訂價法
(C) 心理訂價法　　　　　　　(D) 犧牲打訂價

子題 3 答案

1.(A)	2.(B)	3.(C)	4.(D)	5.(C)
6.(A)	7.(D)	8.(C)	9.(A)	10.(B)
11.(D)	12.(C)	13.(A)	14.(C)	15.(C)
16.(B)	17.(B)	18.(C)	19.(B)	20.(A)
21.(C)	22.(A)	23.(B)	24.(C)	25.(B)
26.(A)	27.(A)	28.(D)	29.(C)	30.(B)
31.(D)	32.(A)	33.(D)	34.(A)	35.(B)
36.(D)	37.(A)	38.(C)	39.(D)	40.(C)
41.(B)	42.(D)	43.(C)	44.(A)	45.(A)

子題 4

企業產品配銷策略

1. 下列何者不是典型的供應鏈中的成員?
   (A) 零售商 (B) 消費者
   (C) 政府機構 (D) 原料供應商
   (E) 躉售商

2. 現今大部分的生產者是透過_____以銷售其商品。
   (A) 最終使用者 (B) 中間商
   (C) 行銷機構 (D) 倉儲公司
   (E) 第三方物流公司

3. 由製造商或服務供應商提供原料、物件、零件、資訊、財務及技術專家以生產產品或服務,此為在供應鏈_____之型態。
   (A) 下游 (B) 上游
   (C) 平行 (D) 垂直
   (E) 中間

4. 通路決策不包括:
   (A) 地理訂價政策 (B) 配銷通路的類型
   (C) 中間商與合作者的類型 (D) 實體配銷設施的類型
   (E) 市場暴露渴望的程度

5. 配銷中心是設計用來:
   (A) 長期儲備物資,避免價格提升 (B) 買低賣高
   (C) 降低存貨轉換 (D) 加速物品的流動,且避免不必要的儲存
   (E) 以上皆是

6. 通常我們認為供應商、批發商及顧客夥伴間供同合作以改善整體供應鏈績效,此種

行為可以稱為_____。

(A) 供應鏈　　　　　　　　　　(B) 需求鏈
(C) 配銷通路　　　　　　　　　(D) 倉儲公司
(E) 價值傳遞網絡

7. 從經濟學觀點來看，行銷的角色是將生產者所製造的產品，轉變成_____所想要的產品。

(A) 零售商　　　　　　　　　　(B) 消費者
(C) 製造商　　　　　　　　　　(D) 原料供應商
(E) 躉售商

8. 貨運承攬商 (Freight forwarders) 經常會對運送者收取比運輸公司較低的費率，這是因為：

(A) 將只會運送給所選擇的地點

(B) 只處理大量的貨物

(C) 將許多公司的小量貨品集聚在一起，達成規模經濟後再運輸

(D) 會保留此產品被運輸到其目的地的決定權

(E) (A) 與 (C)

9. 特許經營是_____的好例子。

(A) 垂直整合　　　　　　　　　(B) 契約式垂直行銷系統
(C) 以零售商為首的管理型通路　(D) 直接針對買方的通路
(E) 以上皆非

10. 如果公司不想處理工廠備料之裝卸、重裝、運輸、報關及追蹤物料等工作，以及不想處理產品運送給顧客之工作時，可以運用_____。

(A) 直效行銷通路　　　　　　　(B) 水平行銷通路
(C) 公司垂直整合行銷體系　　　(D) 第三方物流通路
(E) 加盟組織系統

11. 辦公用品廠商開了網路商店，因此與其他經銷商彼此對立，這是處於_____衝突。

(A) 垂直通路　　　　　　　　　(B) 傳統通路

(C) 運籌系統　　　　　　　　　　(D) 中間商
(E) 水平通路

12. 何種類型的垂直行銷系統 (VMS) 使組織對生產和經銷其產品有更大的控制力？
    (A) 所有權式　　　　　　　　　(B) 契約式
    (C) 傳統式　　　　　　　　　　(D) 水平式
    (E) 管理式

13. 為什麼許多大公司如 TOYOTA，經常對經銷商保持敏感性？
    (A) 因為經銷商有不小的合法權力
    (B) 因為製造商有不小的合法權力
    (C) 因為經銷商可以輕易的被第三方物流供應者所取代
    (D) 製造商不能打破對通路的承諾
    (E) 因為經銷商的支援是創造顧客價值的基本要素

14. 產品購買頻率低、使用期間長、消費者需要特別服務的產品，適用何種配銷方式？
    (A) 廣泛配銷　　　　　　　　　(B) 集中配銷
    (C) 選擇配銷　　　　　　　　　(D) 獨家配銷
    (E) 適應性配銷

15. 美國最著名之 Wal-Mart、Kmart、Target 屬於何種零售店？
    (A) 百貨公司　　　　　　　　　(B) 專賣店
    (C) 堆棧商店　　　　　　　　　(D) 折扣商店

16. 密集式配銷經常適合在何種情況？
    (A) 選購品、特殊品與未搜尋品　(B) 便利品與零配件
    (C) 所有的企業品　　　　　　　(D) 未搜尋品與特殊品
    (E) 選購品與便利品

17. 一般而言，倉儲業者替消費者儲存產品，直到消費者需要時再予以提供，亦即其提供消費者何種形式的「效用」？
    (A) 時間　　　　　　　　　　　(B) 生產
    (C) 形式　　　　　　　　　　　(D) 包裝

(E) 所有權

18. 試想一個高單價珠寶公司，如 Tiffany，要以何種方式以最快的時間將最獨特的珠寶交給海外顧客？
    (A) 鐵路運輸　　　　　　　　(B) 網路
    (C) 航空快遞　　　　　　　　(D) 海運
    (E) 貨車運輸

19. 蔬菜、生鮮通路階層不能過長之主要考量為何？
    (A) 易腐性　　　　　　　　　(B) 單價
    (C) 技術性　　　　　　　　　(D) 易達性
    (E) 易用性

20. 電子資料交換 (EDI)：
    (A) 讓資料標準化　　　　　　(B) 可取得存貨資料
    (C) 在國內或國際市場都常見　(D) 以上皆是
    (E) (A) 與 (B) 對，(C) 不對

21. 發展何種通路系統可以保護環境並帶來利潤？
    (A) 間接行銷通路　　　　　　(B) 綠色供應鏈
    (C) 搭售協議　　　　　　　　(D) 直效行銷通路
    (E) 獨家銷售模式

22. 麵包、口香糖、軟性飲料、報紙等適用何種配銷方式？
    (A) 獨家配銷　　　　　　　　(B) 集中配銷
    (C) 選擇配銷　　　　　　　　(D) 廣泛配銷
    (E) 適應性配銷

23. 知名設計師吳季剛想要透過一家高知名度的百貨業或經銷商來銷售其所設計的服飾。吳季剛採用了什麼配銷通路？
    (A) 獨家經銷通路　　　　　　(B) 獨家經營模式
    (C) 搭售協議　　　　　　　　(D) 獨家銷售協議
    (E) 全產品線銷售

24. 下列何種流程不會隨著商品實體的移轉而有所變動？
    (A) 實體流程
    (B) 所有權流程
    (C) 資訊流程
    (D) 推廣流程
    (E) 倉儲流程

25. 為何某些消費者偏好某個零售商，下列何者非可能的原因？
    (A) 便利
    (B) 社會階層
    (C) 產品搭配
    (D) 服務
    (E) 以上皆有關

26. 製造商—批發商—零售商屬下列何種通路型態？
    (A) 零階通路
    (B) 一階通路
    (C) 二階通路
    (D) 三階通路
    (E) 通路整合

27. 相較倉庫，配銷中心是：
    (A) 設計用來提供儲存空間更有效的利用
    (B) 降低大批分裝的需求
    (C) 設計用來降低所有的儲存
    (D) 用來加速物品的流動
    (E) 由數個中間商所使用的儲存設施

28. 一般而言，通路商所具有的儲存和配銷功能，可以解決製造商與顧客間的何種差異？
    (A) 數量差異
    (B) 空間差異
    (C) 暫時差異
    (D) 組合差異
    (E) 地點差異

29. 下列何種產品最適合密集式配銷？
    (A) 運動外套
    (B) 電池
    (C) 10 段變速腳踏車
    (D) 網球拍
    (E) 35 mm 相機

30. 統一企業所生產之各種產品或食品，透過旗下加盟之統一超商，銷售給散佈全台灣的消費者，屬於何種通路？

(A) 零階通路 (B) 一階通路
(C) 二階通路 (D) 三階通路
(E) 通路整合

31. 下列哪一階段處理不當易造成庫存問題？
    (A) 訂單處理 (B) 存貨控管
    (C) 倉儲管理 (D) 運輸
    (E) 廣告傳單

32. 有關及時送貨(JIT)系統之敘述，下列何者正確？
    (A) 會將更多實體配銷的責任移轉給供應商
    (B) 通常增加供應商的實體配銷成本
    (C) 通常會將較少的實體配銷責任移轉給企業顧客
    (D) 通常能降低企業顧客的實體配銷成本
    (E) 以上皆是

33. 下列有關通路的陳述何者為非？
    (A) 大多數的消費品皆是從製造商到中間商至最終顧客
    (B) 任何參與產品從生產者到最終使用者或消費者一系列過程的任何廠商或個人稱為配銷通路
    (C) 對一項產品而言皆有一個最好的通路配置
    (D) 中間商會調整數量與種類偏好的差異
    (E) 以上皆是

34. 發生於通路中同一層級的廠商之間的衝突，稱之為：
    (A) 水平衝突 (B) 垂直衝突
    (C) 管理式衝突 (D) 契約式衝突
    (E) 功能性衝突

35. 電話與直接郵件零售商：
    (A) 因為他們只以富有的人為目標顧客，故有銷售上的問題
    (B) 在達到其目標市場上有問題，因為其顧客在地理上十分分散

(C) 可以將對當地零售商可能無利可圖的產品處理得很好

(D) 以上皆是

(E) 以上皆非

36. 網路零售商包括：

(A) 有限產品線零售商 　　　(B) 服務提供者

(C) 量販店 　　　(D) 百貨公司

(E) 以上皆是

37. 有關直接對顧客的通路，何者為真？

(A) 包含零售商，但不包括批發商

(B) 簡化某些行銷功能

(C) 通常有助於製造商更了解最終顧客態度的改變

(D) 可達到最終消費市場的典型方式

(E) 當通路中需要大量交易或小訂單時最為合適

38. 間接通路何時會比直接通路來得好？

(A) 當企業的財務資源受限時 　　　(B) 消費品而非企業性產品

(C) 目標顧客已有固定的購買行為 　　　(D) 零售商已位於顧客便於購買的地點

(E) 以上皆是

39. 「量販」的概念：

(A) 支持了傳統零售商的「買低賣高」哲學

(B) 強調以低價增加銷售並提高回購率

(C) 認為要鎖定小規模但是有利可圖的目標顧客

(D) 強化了對傳統零售商的需求

(E) 以上皆是

40. 有時賣方要求其零售商放棄銷售競爭對手的產品，此稱之為：

(A) 獨家配銷 　　　(B) 獨家經銷

(C) 選擇性配銷 　　　(D) 獨家定價

(E) 放棄中介

41. 密集配銷策略適合哪一種產品類別？
    (A) 便利品
    (B) 特殊未搜尋品
    (C) 選購品
    (D) 奢侈品
    (E) 原物料供應

42. 關於運輸模式的選擇方式：
    (A) 卡車的速度、頻率、可靠性與服務據點多是好的選擇
    (B) 管線較慢，且比起水運的可靠性較低，但較便宜且能服務據點多
    (C) 空運快速、便宜，且比起鐵路更具可靠性
    (D) 水運速度慢、耗成本，且無法處理各式各樣的運輸

43. 下列有關電子資料交換的描述，何者是錯誤的？
    (A) EDI 讓資料標準化
    (B) EDI 無法應用在國際市場
    (C) 顧客將訂單資料直接傳送到供應商的電腦
    (D) EDI 在美國非常普遍
    (E) 存貨資訊會自動更新

44. 何謂「通路權力」？
    (A) 通路系統中，影響力最大的成員所擁有的特別待遇
    (B) 通路成員面對及處理通路衝突的能力
    (C) 通路系統中無形的規範與應盡的義務
    (D) 某個通路成員影響或控制其他成員行為的能力

45. TOYOTA 汽車的經銷商抱怨，另一家在別的銷售區域的經銷商用更低的價錢銷售，並且跨區到他們的區域廣告宣傳，而使他們的銷售額蒙受損失，他們是處於何種衝突？
    (A) 水平衝突
    (B) 垂直衝突
    (C) 管理式衝突
    (D) 契約式衝突
    (E) 功能性衝突

46. 捷安特把生產的自行車賣給家樂福，家樂福再賣給消費者。這是屬於＿＿＿＿。

(A) 直效行銷 (B) 整合行銷通路
(C) 零售商通路 (D) 公司垂直整合系統
(E) 間接行銷通路

47. 飛利浦 (Philips) 是全球家電製造商，入股中國 TCL 公司，因此飛利浦可以使用 TCL 在中國近 2000 家分店，這是何種形式的通路？
(A) 傳統配銷通路 (B) 所有權式 VMS
(C) 契約式 VMS (D) 管理式 VMS
(E) 水平式的配銷系統

48. 何種物流形式乃考量產品在運送時可能發生破損、非意願需求或產品剩餘？
(A) 輸外物流 (B) 垂直式物流
(C) 進廠物流 (D) 水平式物流系統
(E) 逆物流

49. 印度及中國均擁有超過 10 億的人口，但是企業要進入這些市場並不容易，其所能獲得的市佔率非常有限，可能的原因是下列何者？
(A) 宗教種姓制度 (B) 歐美產品差異性太大
(C) 高的稅賦 (D) 語言障礙
(E) 市場配銷通路不足

50. 有時_____可能會大大的限制企業在海外市場的產品配銷。
(A) 競爭對手或合作夥伴 (B) 競爭對手或銷售商
(C) 政府或海關 (D) 顧客或員工
(E) 競爭對手或顧客

子題 4 答案

1.(C)	2.(B)	3.(B)	4.(A)	5.(D)
6.(E)	7.(B)	8.(C)	9.(B)	10.(D)
11.(A)	12.(A)	13.(E)	14.(D)	15.(D)
16.(B)	17.(A)	18.(C)	19.(A)	20.(D)
21.(B)	22.(D)	23.(A)	24.(B)	25.(E)
26.(C)	27.(D)	28.(A)	29.(B)	30.(B)
31.(A)	32.(E)	33.(C)	34.(A)	35.(C)
36.(E)	37.(C)	38.(E)	39.(B)	40.(B)
41.(A)	42.(A)	43.(B)	44.(D)	45.(A)
46.(E)	47.(E)	48.(E)	49.(E)	50.(C)

子題 5
企業產品推廣策略

1. 推廣包含：
   (A) 人員銷售　　　　　　　　(B) 廣告
   (C) 促銷　　　　　　　　　　(D) 以上皆是
   (E) 只有 (A) 與 (B)

2. 在何種情況下，人員銷售會比廣告還要適當？
   (A) 當目標市場大且廣時　　　　(B) 當潛在顧客多且欲使推廣成本降低時
   (C) 彈性不重要時　　　　　　　(D) 非常需要立即回饋時
   (E) 以上皆是

3. 下列何種屬於重點式和游擊式的降價方法？
   (A) 摸彩券　　　　　　　　　　(B) 貨款減退
   (C) 特惠組合　　　　　　　　　(D) 贈品
   (E) 折扣券

4. 目標閱聽眾的六個購買準備階段中在購買的前一個階段為：
   (A) 喜歡　　　　　　　　　　　(B) 偏好
   (C) 堅信　　　　　　　　　　　(D) 知曉
   (E) 購買

5. 下列何種促銷手法是需要消費者付出些許代價即可獲得的？
   (A) 折扣券　　　　　　　　　　(B) 貨款減退
   (C) 特惠組合　　　　　　　　　(D) 贈品
   (E) 摸彩券

6. 可使用競賽、折價券、展示、樣品、展覽等之促銷對象為：
   (A) 中間商　　　　　　　　　　(B) 一般消費者

(C) 公司內員工　　　　　　　　(D) 通路商
(E) 製造商

7. 在銷售促進策略上產品，企業在銷售之產品以不同份量方式包裝者屬於何種促銷？
   (A) 折扣券　　　　　　　　　(B) 貨款減退
   (C) 摸彩券　　　　　　　　　(D) 特惠組合
   (E) 贈品

8. 一般而言，消費者做購買策略時，最信賴下列哪一種管道的資訊？
   (A) 購物網站　　　　　　　　(B) 廣告
   (C) 電視　　　　　　　　　　(D) 親朋好友
   (E) Facebook

9. 下列何種促銷方式過於繁瑣，效果缺乏即時性？
   (A) 折扣券　　　　　　　　　(B) 摸彩券
   (C) 特惠組合　　　　　　　　(D) 貨款減退
   (E) 贈品

10. 廣告訴求只有從哪一方面著手的情形下，大多的消費者才會產生反應？
    (A) 公司利益　　　　　　　　(B) 世界利益
    (C) 顧客利益　　　　　　　　(D) 地區利益
    (E) 通路商利益

11. 利用短期的誘因去刺激產品的購買或銷售或服務，稱作＿＿＿＿。
    (A) 廣告　　　　　　　　　　(B) 公共關係
    (C) 銷售促進　　　　　　　　(D) 人員銷售
    (E) 產品開發

12. 下列哪一個產品類別其廣告支出可能佔銷售額之比率為最大？
    (A) 電腦及辦公設備　　　　　(B) 商業服務
    (C) 玩具與遊戲用品　　　　　(D) 運輸工具與車體
    (E) 啤酒

13. 在下列哪一種情況下，較不需要大量的廣告？
    (A) 當產品處於成熟期　　　　　　(B) 想提高市場佔有率
    (C) 新產品的推出　　　　　　　　(D) 當品牌的同質性高
    (E) 當產品競爭變強

14. 下列哪一項是最不恰當的廣告目標？
    (A) 提升顧客信譽以促進產品銷售　(B) 今年要增加 20% 的業績
    (C) 今年提高 50% 品牌知名度　　　(D) 提高 10% 市場份額
    (E) 在奧克蘭海灣地區獲得 20 個新的客戶

15. 以下五個主要的促銷工具中，何者可以建立公司正面的形象，並且可以處理不良的公司事件？
    (A) 廣告　　　　　　　　　　　　(B) 公共關係
    (C) 銷售促進　　　　　　　　　　(D) 人員銷售
    (E) 直效行銷

16. 下列何者最可能先採用一個新的產品？
    (A) 早期採用者　　　　　　　　　(B) 創新者
    (C) 晚期大眾　　　　　　　　　　(D) 早期大眾
    (E) 落後者

17. 在大型賣場或量販店中，常常有品牌商進行產品示範或在現場煮食食品、實地示範清潔器具，此為何種促銷方式？
    (A) 銷售點促銷　　　　　　　　　(B) 贈品
    (C) 抽獎　　　　　　　　　　　　(D) 特惠組合
    (E) 公共關係

18. 下列哪一個不是公司推廣組合中主要的類別？
    (A) 廣告　　　　　　　　　　　　(B) 公共關係
    (C) 策略性定位　　　　　　　　　(D) 人員銷售
    (E) 直效行銷

19. 一般而言，在什麼情況下人員銷售比廣告或促銷更重要？

(A) 標準化產品 (B) 消費者為數眾多
(C) 產品複雜度高 (D) 產品價值低
(E) 產品易腐壞

20. 以下何族群的採用者大都是意見領袖,且跟銷售人員的互動最多?
    (A) 晚期大眾 (B) 早期大眾
    (C) 落後者 (D) 早期採用者
    (E) 創新者

21. 在訊息溝通路徑中,以下何者為不良溝通?
    (A) 訊息來源及接收者並無面對面接觸 (B) 訊息來源及接收者並無參照框架
    (C) 訊息編碼者及解碼者不為同一人 (D) 無法做到直接回饋
    (E) 在訊息溝通的管道中並無噪音

22. 不同的溝通工具在不同的產品生命週期階段有著不同的效果,例如:在成熟期,下列何者為較重要之工具?
    (A) 廣告 (B) 公共關係
    (C) 銷售促進 (D) 人員銷售
    (E) 產品開發

23. 製造商可直接給予中間商之銷售人員作為特別銷售行動之獎勵者為:
    (A) 購貨折讓 (B) 商業折讓
    (C) 獎金 (D) 免費商品
    (E) 通路競賽

24. 下列何者屬於對於新產品最有效直接之展示方式?
    (A) 合作廣告 (B) 商展
    (C) 商業會議 (D) 銷售競賽
    (E) 摸彩活動

25. 下列何者活動是由製造商主動舉辦,其召集所有通路中間商參加,一般都會在世界各大都市舉行?
    (A) 銷售競賽 (B) 合作廣告

(C) 訓練　　　　　　　　　　(D) 商業會議
(E) 通路競賽

26. 下列何者屬於推廣組合策略中，唯一一種雙向溝通之方法？
    (A) 人員銷售　　　　　　　　(B) 廣告
    (C) 價格促銷　　　　　　　　(D) 大眾銷售
    (E) 免費商品

27. 行銷溝通者所要設計的理想溝通訊息應該是 AIDA 模式，其中的 I 是指：
    (A) 影響　　　　　　　　　　(B) 注意
    (C) 慾望　　　　　　　　　　(D) 興趣
    (E) 意圖

28. 中間商對於產品購買特定數量後，製造商再給予特定比率之相同或其他商品，而不似購貨折讓以價格降低者屬於何種促銷？
    (A) 獎金　　　　　　　　　　(B) 商業折讓
    (C) 購貨折讓　　　　　　　　(D) 免費商品
    (E) 通路競賽

29. 製造商同意共同分攤零售商費用或給予特定金額或比率補助之促銷為：
    (A) 商展　　　　　　　　　　(B) 合作廣告
    (C) 商業會議　　　　　　　　(D) 銷售競賽
    (E) 通路競賽

30. 下列有關晚期大眾之敘述，何者為真？
    (A) 應大量使用大眾媒體進行推廣
    (B) 比較會利用其他晚期採用者而非銷售人員
    (C) 須大量使用銷售人員之行銷資源
    (D) 與銷售人員的互動最多，並與早期大眾的接觸最多
    (E) 與早期採用者的接觸最多

31. 企業使用哪一種廣告時，較會引起競爭對手的反擊？
    (A) 告知　　　　　　　　　　(B) 比較

(C) 提醒 (D) 成本

32. 在產品生命週期的哪一階段，生產者會將其推廣著重於刺激選擇性需求？
    (A) 市場導入期 (B) 市場成長期
    (C) 市場成熟期 (D) 銷售衰退期
    (E) 當主要需求結束時

33. 依據銷售額目標，提列若干比率為廣告預算金額，是屬於何種廣告預算？
    (A) 目標任務法 (B) 銷售比率法
    (C) 競爭法 (D) 仲裁法

34. 行銷組合為一間公司最主要的溝通活動，而行銷組合必須能達到最大的溝通的目的。下列哪一個不包含在其中？
    (A) 產品 (B) 競爭者
    (C) 定價 (D) 推廣
    (E) 通路

35. 當公司在決定關於紙本廣告中的標題、副本、插圖和顏色時，其實公司是在進行_____決策。
    (A) 訊息結構 (B) 訊息內容
    (C) 訊息中介 (D) 訊息格式
    (E) 訊息管道

36. 下列哪一個推廣組合工具是指使用目錄、電話行銷、售貨亭和網路進行？
    (A) 廣告 (B) 公共關係
    (C) 銷售促進 (D) 人員銷售
    (E) 直效行銷

37. 在 De Beers 的廣告中，強調鑽石恆久遠，一顆永流傳，這是屬於何種廣告訴求？
    (A) 利得 (B) 清潔／健康
    (C) 愛情／羅曼蒂克／親情 (D) 恐懼

38. 在媒體選擇上，主要優點在於高度的地理選擇性和及時性為下列何者？

(A) 報紙 (B) 雜誌
(C) 廣播 (D) 電視

39. 為了使公司有更好的溝通一致性、更一致的公司形象，以及更大的銷售印象，許多公司會雇用：
    (A) 廣告經紀商 (B) 行銷傳播總監
    (C) 公共關係專家 (D) 銷售人員
    (E) 媒體規劃人員

40. 廣告目的在於資料、知識的提供者為：
    (A) 訊息提供 (B) 刺激行動
    (C) 提醒功能 (D) 建立產品和企業形象

41. 透過廣告塑造公司良好企業形象或扭轉消費者對公司之負面形象與態度者為：
    (A) 產品廣告 (B) 機構廣告
    (C) 先驅廣告 (D) 競爭廣告

42. 一般而言，公共關係最常使用的工具是：
    (A) 宣傳小冊子 (B) 新聞
    (C) 演說 (D) 視聽材料
    (E) 廣告傳單

43. 企業使用下列哪一種管道來宣傳產品之成本最低且可信度高？
    (A) 電視 (B) 雜誌
    (C) 公共關係 (D) 車體廣告
    (E) 捷運車廂廣告

44. 以下何者不是促銷的一種？
    (A) 打九折 (B) 採購點的展示
    (C) 展覽會 (D) 免費樣品
    (E) 全新的廣告

45. 以下何者為不良溝通？

(A) 訊息來源及接收者並無參照框架　　(B) 在傳播的管道中並無噪音

(C) 訊息編碼者及解碼者不為同一人　　(D) 無法做到直接回饋

(E) 訊息來源及接收者並無面對面接觸

46. 觀眾體會廠商在廣告中優越「誇張」性能後，對何者有幫助？
    (A) 支援人員銷售　　(B) 改善通路商關係
    (C) 導入新產品　　(D) 擴大產品使用功能

47. 製造商進行廣告則有助於加強何種效能？
    (A) 支援人員銷售　　(B) 改善通路商關係
    (C) 導入新產品　　(D) 對抗競爭

48. 廣告可讓產品熱賣，主要適用於何種產品功能？
    (A) 支援人員銷售　　(B) 改善通路商關係
    (C) 導入新產品　　(D) 擴大產品使用功能

49. 下列何者非推廣目標之一？
    (A) 告知　　(B) 提醒
    (C) 處理　　(D) 說服
    (E) 以上皆是

50. 企業獲利要回饋社會，最簡單的就是透過「捐錢」，此法屬於促銷中的何種工具？
    (A) 事件贊助　　(B) 製造新聞議題
    (C) 發行與發放出版物　　(D) 危機處理

子題 5 答案

1.(D)	2.(D)	3.(E)	4.(C)	5.(D)
6.(B)	7.(D)	8.(D)	9.(D)	10.(C)
11.(C)	12.(C)	13.(A)	14.(A)	15.(B)
16.(B)	17.(A)	18.(C)	19.(C)	20.(D)
21.(B)	22.(C)	23.(C)	24.(B)	25.(D)
26.(A)	27.(D)	28.(D)	29.(B)	30.(B)
31.(B)	32.(B)	33.(B)	34.(B)	35.(D)
36.(E)	37.(C)	38.(A)	39.(B)	40.(A)
41.(B)	42.(B)	43.(C)	44.(E)	45.(A)
46.(A)	47.(B)	48.(C)	49.(C)	50.(A)

子題 6
企業產品廣告與促銷策略

1. 企業若欲建立形象，亦可在記者會或股東大會採取何種方式進行？
   (A) 事件贊助
   (B) 製造新聞議題
   (C) 發行與發放出版物
   (D) 危機處理

2. 以下何者明確規定了每個銷售人員的工作及當責？
   (A) 組織架構
   (B) 組織圖
   (C) 責任銷售區架構
   (D) 流程圖

3. 一般而言，比較會進行廣告的是：
   (A) 政府機關
   (B) 企業
   (C) 社福團體
   (D) 非營利組織
   (E) 個人工作室

4. 下列何者是企業發展廣告時最重要的決策？
   (A) 設定廣告目的
   (B) 設定廣告預算
   (C) 發展廣告策略
   (D) 選擇目標市場
   (E) (A)、(B) 及 (C)

5. 在廣告決策中，下列何者涉及廣告的整體行銷計畫？
   (A) 廣告的目的
   (B) 廣告預算
   (C) 廣告顧客群
   (D) 廣告標語
   (E) 廣告評估

6. 廣告依據它的主要目的，可以分為訊息通知、說服及：
   (A) 提醒
   (B) 解釋
   (C) 完成
   (D) 鼓勵
   (E) 信服

7. 下列何者是訊息式廣告的目的？
   (A) 改變顧客對品牌價值的知覺　　(B) 建立品牌偏好
   (C) 鼓勵顧客轉換品牌　　(D) 建議產品新的使用方法
   (E) 使顧客對品牌產生記憶

8. 當市場競爭越來越強，企業通常會使用何種廣告模式以使顧客產生選擇性的需求？
   (A) 提醒式廣告　　(B) 訊息性廣告
   (C) POP 促銷　　(D) 說服性廣告
   (E) 贊助式廣告

9. 下列何者為直接回應電視行銷的主要兩種形式？
   (A) 家用電視回應和直接回應電視廣告　　(B) 家庭購物頻道和電視購物節目
   (C) 家庭銷售和免費電話回應　　(D) call-in 和網站回應
   (E) 家庭購物頻道和播客

10. Amazon、eBay 及 PChome 使用何種方式進行交易？
    (A) 大量行銷　　(B) 促銷活動
    (C) 直接行銷　　(D) 公共關係
    (E) 個人行銷

11. 企業若欲建立形象，亦可在記者會或股東大會採取何種方式進行？
    (A) 事件贊助　　(B) 製造新聞議題
    (C) 發行與發放出版物　　(D) 危機處理

12. 大部分公司都喜歡在長假前或假期中 (如農曆新年) 播出大量廣告，請問何種廣告因子決定了此廣告排程？
    (A) 媒體機制　　(B) 廣告連續性
    (C) 視聽眾品質　　(D) 與視聽眾有約
    (E) 媒體時機

13. 在顧客眼中，好的銷售人員必須具備的特質包括：同情心、誠實、可靠、審慎、全程參與以及＿＿＿＿。
    (A) 好的報告　　(B) 聆聽

(C) 同情　　　　　　　　　　(D) 關懷

(E) 坦率

14. 企業總是不斷地在尋找增加與客戶面對面銷售時間的方法。下列都是達成這個方法的選項，除了哪一項以外？

　　(A) 利用電話或視頻以取代直接造訪

　　(B) 降低每一個銷售代表必須造訪的顧客人數

　　(C) 提供更多且更完整的顧客資料給銷售人員

　　(D) 簡化其紀錄保存與其他管理任務

　　(E) 開發更佳的訪客方式與路線規劃

15. 競爭者往往都有自己的各種營運目標，企業想要知道競爭者的各種營運目標之權重，其必須瞭解下列事項，除了什麼之外？

　　(A) 目前獲利　　　　　　　(B) 公司歷史

　　(C) 市場份額成長率　　　　(D) 現金流量

　　(E) 技術與服務領導力

16. 下列何者為目前最為快速成長的直接行銷方式？

　　(A) 網路行銷 (on-line marketing)　　(B) 行動電話行銷 (mobile-phone marketing)

　　(C) 電視購物 (direct-response television)　　(D) 互動的電視 (interactive TV)

　　(E) 播客 (Podcasts)

17. 下列哪一個名詞或術語是用來形容人們在網路上發表自己的想法或觀點？

　　(A) 電子郵件 (e-mail)　　　(B) 聊天室 (Chat room)

　　(C) LINE　　　　　　　　(D) 部落客 (blogs)

　　(E) 焦點集群 (focus group)

18. 公司設置網頁的主要目的是：

　　(A) 為了直接網路銷售公司產品　　(B) 提供優惠券與促銷活動訊息

　　(C) 為了刊登型錄並提供購買小偏方　　(D) 為了建立顧客聲譽

　　(E) 為了指出競爭對手的弱點

19. 德國雙人牌 (Zwilling) 鍋具之廣告若與類似的競爭品牌 (但並無明確的品牌名稱) 做比較，此例子為＿＿＿＿＿＿廣告。
    (A) 機構 (institutional)　　　　　　(B) 比較性 (comparative)
    (C) 開創性 (pioneering)　　　　　　(D) 主要 (primary)

20. 比較性廣告 (comparative advertising) 是主要目的是嘗試：
    (A) 開發選擇性需求 (selective demand)，並非主要需求 (primary demand)
    (B) 讓大眾記住產品的名字
    (C) 宣傳產品與其他產品不同的競爭力
    (D) 拓展新產品的需求
    (E) 建立企業的聲譽

21. 由企業高層決定特定期間之廣告預算金額是何種廣告預算方法？
    (A) 目標任務法　　　　　　　　　　(B) 銷售比率法
    (C) 競爭法　　　　　　　　　　　　(D) 仲裁法
    (E) 財務比例法

22. 企業在媒體選擇上，何者以針對特定目標採行廣告相當有效？
    (A) 雜誌　　　　　　　　　　　　　(B) 網路
    (C) 廣播　　　　　　　　　　　　　(D) 電視

23. 一個典型的顧客資料庫是包含個別顧客或潛在顧客的地理位置、人口統計、購買心態及何種資料的集合？
    (A) 行為的　　　　　　　　　　　　(B) 文化的
    (C) 醫學的　　　　　　　　　　　　(D) 道德的
    (E) 情緒的

24. 企業在媒體選擇上，何者的優點為可及時、快速的傳達訊息給廣大觀眾？
    (A) 電視　　　　　　　　　　　　　(B) 網路
    (C) 廣播　　　　　　　　　　　　　(D) 報紙
    (E) 平面廣告

25. 企業依據銷售額目標，提列若干比率為廣告預算，是屬於何種？
    (A) 目標任務法　　　　　　　　(B) 銷售比率法
    (C) 競爭法　　　　　　　　　　(D) 仲裁法
    (E) 財務比例法

26. 企業以「季」為單位，調查競爭對手廣告活動和各種媒體運用比率，公司再行檢討本身之廣告計畫，屬於何種廣告預算方法？
    (A) 目標任務法　　　　　　　　(B) 銷售比率法
    (C) 競爭法　　　　　　　　　　(D) 仲裁法
    (E) 財務比例法

27. 企業可針對公司本身或社會關心之議題，主動規劃活動者屬於：
    (A) 事件贊助　　　　　　　　　(B) 製造新聞議題
    (C) 發行與發放出版物　　　　　(D) 危機處理

28. 下列何者不是廣告後測之主要探討內容？
    (A) 購買意願　　　　　　　　　(B) 訊息型態效果
    (C) 廣告態度　　　　　　　　　(D) 品牌態度
    (E) 品牌選擇

29. 透過廣告塑造良好企業形象或扭轉消費者對公司之負面形象與態度者為：
    (A) 產品廣告　　　　　　　　　(B) 機構廣告
    (C) 先驅廣告　　　　　　　　　(D) 競爭廣告
    (E) 提醒式廣告

30. 若考量消費者對公司產品已有興趣或對新產品不盡熟悉時，企業應採何種作法？
    (A) 免費樣品　　　　　　　　　(B) 抽獎
    (C) 競賽和遊戲　　　　　　　　(D) 酬賓回饋
    (E) 廣告

31. 以下何者是有效的直接行銷下不可或缺的因素？
    (A) 線上出席　　　　　　　　　(B) 數位直銷技術
    (C) 訓練有素的銷售團隊　　　　(D) 集客式電話行銷

(E) 好的顧客資料庫

32. 製造商同意共同分攤零售商費用或給予特定金額或比率補助之促銷為：
    (A) 商展
    (B) 合作廣告
    (C) 商業會議
    (D) 銷售競賽

33. 面對在牛肉的消耗量下降，美國牛肉協會贊助一則廣告提倡牛肉的營養價值，以增加牛肉的消耗量。此案例為：
    (A) 競爭性廣告 (competitive advertising)
    (B) 提醒性廣告 (reminder advertising)
    (C) 比較性廣告 (comparative advertising)
    (D) 間接性廣告 (indirect advertising)
    (E) 開創性廣告 (pioneering advertising)

34. 超市主管為了增加週末期間的貨物流通量，他應該採用何種廣告？
    (A) 機構 (institutional)
    (B) 間接競爭性 (indirect competitive)
    (C) 開創性 (pioneering)
    (D) 提醒性 (reminder)
    (E) 直接競爭性 (direct competitive)

35. 媒體選擇上，何者優點在於具有相當彈性，可更換不同訊息？
    (A) 戶外媒體
    (B) 雜誌
    (C) 網路
    (D) 報紙
    (E) 廣播

36. 媒體選擇上，何者的優點在於可精準針對特定目標閱讀者？
    (A) 報紙
    (B) 雜誌
    (C) 廣播
    (D) 電視
    (E) 戶外媒體

37. 電腦印表機的製造商決定增加掃描器的產品線 (product line)，則下列哪一類型的廣告是用於說服顧客購買此品牌的掃描器？
    (A) 間接競爭性 (indirect competitive)
    (B) 合作性 (cooperative)
    (C) 開創性 (pioneering)
    (D) 機構 (institutional)
    (E) 提醒性 (reminder)

38. 對於比較性廣告 (comparative advertising) 之敘述何者為真？
    (A) 是經常被顧客所忽略的
    (B) 是被美國聯邦貿易委員會 (FTC) 認為違法的
    (C) 需有證據證明
    (D) 必須以消費者的利益為出發點，才是合法的
    (E) 以上皆非

39. 當企業為提高消費者品牌偏好，但是此產品的生命週期已達到淘汰階段，此時廠商可以使用：
    (A) 開創性廣告
    (B) 提醒性廣告
    (C) 主要廣告
    (D) 競爭性廣告
    (E) 機構廣告

40. 企業選擇最有效益的廣告取決於：
    (A) 廠商的推廣目標
    (B) 廠商的目標市場
    (C) 廣告的費用
    (D) 媒體的接觸、頻率、效果及成本等
    (E) 以上皆是

41. 企業對通路成員降價，以鼓勵他們在當地促銷或宣傳公司的產品，此方式為：
    (A) 數量折扣 (quantity discounts)
    (B) 廣告折讓 (advertising allowances)
    (C) 促銷折讓 (push money allowances)
    (D) 經紀折讓 (brokerage allowances)
    (E) 交易刺激 (trade incentives)

42. 班尼頓 (Benetton) 服飾曾以愛滋病議題作為廣告。廣告設計目的在於引起大眾注意，認為該公司是有良心的業者。此種結合經濟性及社會性的行銷方式為：
    (A) 隱藏式行銷 (stealth marketing)
    (B) 大眾行銷 (mass marketing)
    (C) 直接行銷 (direct marketing)
    (D) 善因行銷 (cause-related marketing)
    (E) 間接行銷 (indirect marketing)

43. 所謂機構廣告的主要目的為：
    (A) 設法刺激主要需求 (primary demand)，並非選擇需求 (selective demand)
    (B) 包括非媒體的成本

(C) 經常以最終消費者或使用者為目標

(D) 設法在大眾面前建立產品名聲

(E) 設法為公司或產業建立聲譽

44. 微軟公司與 Taco Bell 公司及 Sobe 飲料公司合作，共同促銷家用電視遊戲機「Xbox」，只要參加遊戲競賽，Taco Bell 及 Sobe 公司就會提供免費的食物與飲料。此種促銷方式稱之為：
    (A) 聯合銷售 (co-marketing)　　　　(B) 整包特價促銷 (price-pack deals)
    (C) 折價券 (coupon)　　　　　　　　(D) 分送樣品 (sample)
    (E) 兌獎促銷 (Lottery promotion)

45. 有些餐廳會在櫃檯或店內張貼報紙與雜誌專訪的全文內容。請問這些餐廳是採用何種宣導手法？
    (A) 促銷　　　　　　　　　　　　　(B) 免費廣告
    (C) 直接行銷溝通　　　　　　　　　(D) 公共報導
    (E) 傳單宣傳

46. 在超市、便利商店、百貨公司裡都可以看到某個品牌的礦泉水，該品牌是採取何種配銷方式？
    (A) 密集式配銷 (intensive distribution)　　(B) 選擇式配銷 (selective distribution)
    (C) 專賣式配銷 (exclusive distribution)　　(D) 以上皆非
    (E) 以上皆是

47. 「推式」(Push) 推廣策略之最終指向為：
    (A) 生產者　　　　　　　　　　　　(B) 零售商
    (C) 批發商　　　　　　　　　　　　(D) 消費者
    (E) 以上皆非

48. 出現在網站上螢幕變化之間的網路廣告稱之為：
    (A) 插入式廣告　　　　　　　　　　(B) 彈出式廣告
    (C) 彈下式廣告　　　　　　　　　　(D) 橫幅廣告

49. 雖然網路盛行，但是有時印刷目錄勝於數位目錄，其原因可能為：

(A) 有能力提供幾乎無限量的商品　　(B) 在製造、印刷和郵寄成本上有效率

(C) 具侵入性並創造其注意力　　(D) 對顧客的注意較少競爭

(E) 即時銷售

50. 以下哪一項不是行銷人員考慮以手機作為下一個行銷市場媒介的原因？

(A) 越來越多的消費者使用手機發送簡訊、瀏覽網頁及看影片

(B) 在 18 至 34 歲的人口數據中顯示，手機很受歡迎且具有高滿意度

(C) 不同於電話行銷，手機行銷最先開始吸引大量的手機用戶

(D) 手機用戶可以在時間急迫的訂單做即時回覆

(E) 大多數的消費者都有手機

子題 6 答案

1.(C)	2.(C)	3.(B)	4.(E)	5.(A)
6.(A)	7.(D)	8.(D)	9.(B)	10.(C)
11.(C)	12.(E)	13.(B)	14.(B)	15.(B)
16.(A)	17.(D)	18.(D)	19.(B)	20.(A)
21.(D)	22.(A)	23.(A)	24.(A)	25.(B)
26.(C)	27.(B)	28.(B)	29.(B)	30.(A)
31.(E)	32.(B)	33.(E)	34.(E)	35.(C)
36.(B)	37.(A)	38.(C)	39.(D)	40.(E)
41.(B)	42.(D)	43.(E)	44.(A)	45.(D)
46.(A)	47.(D)	48.(A)	49.(C)	50.(C)

主題六　E化與服務業行銷技巧

子題1　服務業行銷觀念

子題2　網路行銷觀念與策略

子題 1
服務業行銷觀念

1. 服務通常有別於有形產品,在於其服務產品呈現眾多差異性。服務不像商品,在購買之前購買者是無法感受到服務諸如視、聽、聞、嘗、觸等特性,這是屬於服務的何種屬性?
   (A) 無形性
   (B) 異質性
   (C) 不可分割性
   (D) 易逝性

2. 服務的生產過程同時也是消費過程,而且消費者必須直接參與生產過程,這是屬於服務的何種屬性?
   (A) 無形性
   (B) 異質性
   (C) 不可分割性
   (D) 易逝性

3. 服務無法儲存,不同於實體產品可將產品儲存,是因為這是屬於服務的何種屬性?
   (A) 無形性
   (B) 異質性
   (C) 不可分割性
   (D) 易逝性

4. 服務生產是不同服務人員為不同的顧客提供同一種服務。由於不同顧客的感知不同,不同服務人員提供的服務品質也不盡相同,因此這是屬於服務的何種屬性?
   (A) 無形性
   (B) 異質性
   (C) 不可分割性
   (D) 易逝性

5. 行銷人員常依賴暗示來傳達服務的本質與品質,例如:醫生藉由專業的醫學學會證書、飯店藉由星級來顯示其專業的特質,這是屬於克服服務的何種屬性?
   (A) 無形性
   (B) 異質性
   (C) 不可分割性
   (D) 易逝性

6. 消費者曝露在整個服務過程中,過程中有許多因素會影響消費者的心理與行為,且服務必須在現場即時提供,且顧客對等待缺乏耐心,這是屬於何種服務屬性所衍生

179

的問題？
(A) 無形性 (B) 異質性
(C) 不可分割性 (D) 易逝性

7. 供需不平衡帶來的顧客抱怨或企業資源浪費，這是屬於何種服務屬性所衍生的問題？
(A) 無形性 (B) 異質性
(C) 不可分割性 (D) 易逝性

8. 許多服務無法保存下來，挪到其它時段使用，造成服務不能回收、退還問題，這是屬於何種服務屬性所衍生的問題？
(A) 無形性 (B) 異質性
(C) 不可分割性 (D) 易逝性

9. 消費者會有不確定感、不易信賴服務業者，以及行銷人員難以傳達服務特色與利益、訂價缺乏有力的依據、難以申請服務專利，這是屬於何種服務屬性所衍生的問題？
(A) 無形性 (B) 異質性
(C) 不可分割性 (D) 易逝性

10. 服務必須在現場即時提供，且顧客對等待缺乏耐心，這是屬於何種服務屬性所衍生的問題？
(A) 無形性 (B) 異質性
(C) 不可分割性 (D) 易逝性

11. 服務結果多樣化、品質不穩定，這是屬於何種服務屬性所衍生的問題？
(A) 無形性 (B) 異質性
(C) 不可分割性 (D) 易逝性

12. 用餐時鄰桌顧客的高談闊論、吞雲吐霧，都會影響其他顧客的用餐，造成消費者對服務品質的不滿，這是屬於何種服務屬性所衍生的問題？
(A) 無形性 (B) 異質性
(C) 不可分割性 (D) 易逝性

13. 選用、訓練管理與獎勵服務人員，這是屬於克服服務的何種屬性？
    (A) 無形性　　　　　　　　　　(B) 異質性
    (C) 不可分割性　　　　　　　　(D) 易逝性

14. 要求服務標準化、自動化，這是屬於克服服務的何種屬性？
    (A) 無形性　　　　　　　　　　(B) 異質性
    (C) 不可分割性　　　　　　　　(D) 易逝性

15. 消費者難以維持對服務業者的信心，以及業者面對「一粒老鼠屎壞了一鍋粥」效應，這是屬於何種服務屬性所衍生的問題？
    (A) 無形性　　　　　　　　　　(B) 異質性
    (C) 不可分割性　　　　　　　　(D) 易逝性

16. 服務不能回收、退還，以及供需不平衡帶來的顧客抱怨或企業資源浪費，這是屬於何種服務屬性所衍生的問題？
    (A) 無形性　　　　　　　　　　(B) 異質性
    (C) 不可分割性　　　　　　　　(D) 易逝性

17. 協助消費者參與，讓消費者了解正確的服務流程與恰當的行為，這是屬於克服服務的何種屬性？
    (A) 無形性　　　　　　　　　　(B) 異質性
    (C) 不可分割性　　　　　　　　(D) 易逝性

18. 注重服務效率以避免延誤，以及賦予員工在第一線處理突發狀況的權力，以減少發生延誤的機率和解決問題，這是屬於克服服務的何種屬性？
    (A) 無形性　　　　　　　　　　(B) 異質性
    (C) 不可分割性　　　　　　　　(D) 易逝性

19. 平衡供給與需求，這是屬於克服服務的何種屬性？
    (A) 無形性　　　　　　　　　　(B) 異質性
    (C) 不可分割性　　　　　　　　(D) 易逝性

20. 難以傳達服務特色與利益、訂價缺乏有力的依據、難以申請服務專利，這是屬於何

種服務屬性所衍生的問題?
(A) 無形性 (B) 異質性
(C) 不可分割性 (D) 易逝性

21. 服飾、珠寶有形商品,此類商品係所謂的何種屬性商品?
    (A) 高搜尋屬性 (B) 高經驗屬性
    (C) 高信任屬性 (D) 高品質屬性

22. 餐館、旅遊和美容美髮,此類商品係所謂的何種屬性商品?
    (A) 高搜尋屬性 (B) 高經驗屬性
    (C) 高信任屬性 (D) 高品質屬性

23. 服務為主的汽車維修或醫生看病,此類商品係所謂的何種屬性商品?
    (A) 高搜尋屬性 (B) 高經驗屬性
    (C) 高信任屬性 (D) 高品質屬性

24. 理髮美容是屬於何種服務?
    (A) 有形服務行動加諸在人 (B) 有形服務行動加諸在物
    (C) 無形服務行動加諸在人 (D) 無形服務行動加諸在物

25. 航空公司對於乘客之載運是屬於何種服務?
    (A) 有形服務行動加諸在人 (B) 有形服務行動加諸在物
    (C) 無形服務行動加諸在人 (D) 無形服務行動加諸在物

26. 大學教育是屬於何種服務?
    (A) 有形服務行動加諸在人 (B) 有形服務行動加諸在物
    (C) 無形服務行動加諸在人 (D) 無形服務行動加諸在物

27. 航空公司對於貨物運輸之載運是屬於何種服務?
    (A) 有形服務行動加諸在人 (B) 有形服務行動加諸在物
    (C) 無形服務行動加諸在人 (D) 無形服務行動加諸在物

28. 藝術表演的欣賞是屬於何種服務?
    (A) 有形服務行動加諸在人 (B) 有形服務行動加諸在物

(C) 無形服務行動加諸在人　　　　　(D) 無形服務行動加諸在物

29. 汽車保險是屬於何種服務？
    (A) 有形服務行動加諸在人　　　　　(B) 有形服務行動加諸在物
    (C) 無形服務行動加諸在人　　　　　(D) 無形服務行動加諸在物

30. 消費者必須參與服務，與服務業者互動，服務才能有效傳遞，這是服務行銷的處理的哪一個型態？
    (A) 人身處理 (people processing)
    (B) 物品處理 (possession processing)
    (C) 心理刺激處理 (mental stimulus processing)
    (D) 資訊處理 (information processing)

31. 以有形行動來處理顧客的持有物，顧客參與程度較低，這是服務行銷的處理的哪一個型態？
    (A) 人身處理 (people processing)
    (B) 物品處理 (possession processing)
    (C) 心理刺激處理 (mental stimulus processing)
    (D) 資訊處理 (information processing)

32. 服務人員將無形行動用於顧客的心智，顧客可能親臨服務場所，也可能透過電視、廣播或電信等獲得服務，這是服務行銷的處理的哪一個型態？
    (A) 人身處理 (people processing)
    (B) 物品處理 (possession processing)
    (C) 心理刺激處理 (mental stimulus processing)
    (D) 資訊處理 (information processing)

33. 服務業者將無形行動用在顧客資產，例如會計、法律、保險、投資等，並高度依賴專業知識以及資訊的蒐集與處理，這是服務行銷的處理的哪一個型態？
    (A) 人身處理 (people processing)
    (B) 物品處理 (possession processing)
    (C) 心理刺激處理 (mental stimulus processing)

(D) 資訊處理 (information processing)

34. 以良好環境提高消費者參與意願,讓服務人員與顧客有良好互動,讓其他顧客有恰當的言語行為,這是服務行銷中應強調注意的哪一個型態?
    (A) 人身處理 (people processing)
    (B) 物品處理 (possession processing)
    (C) 心理刺激處理 (mental stimulus processing)
    (D) 資訊處理 (information processing)

35. 強調如何有效率的交付物品,以及如何降低顧客的知覺風險,這是服務行銷中應強調注意的哪一個型態?
    (A) 人身處理 (people processing)
    (B) 物品處理 (possession processing)
    (C) 心理刺激處理 (mental stimulus processing)
    (D) 資訊處理 (information processing)

36. 讓消費者以輕鬆、省時、有效的方式獲得有效吸收服務的成果,這是服務行銷中應強調注意的哪一個型態?
    (A) 人身處理 (people processing)
    (B) 物品處理 (possession processing)
    (C) 心理刺激處理 (mental stimulus processing)
    (D) 資訊處理 (information processing)

37. 凸顯企業本身的專業知識與精神來傳遞服務與確保服務品質,這是服務行銷中應強調注意的哪一個型態?
    (A) 人身處理 (people processing)
    (B) 物品處理 (possession processing)
    (C) 心理刺激處理 (mental stimulus processing)
    (D) 資訊處理 (information processing)

38. 下列何者為高度接觸的服務?
    (A) 電影院　　　　　　　　　　　(B) ATM

(C) MRT (D) 高級餐廳

39. 下列何者為低度接觸的服務？
   (A) 電影院　　(B) ATM
   (C) MRT　　(D) 高級餐廳

40. 下列何者是購前服務的描述？
   (A) 服務結果不確定性增加知覺風險　　(B) 了解服務生產系統
   (C) 熟悉角色與腳本理論　　(D) 評估服務表現

41. 7-ELEVEN 推出北海道冰淇淋、City Café 等新商品，這是屬於下列哪一類創新？
   (A) 策略創新　　(B) 產品創新
   (C) 通路創新　　(D) 服務創新

42. 航空公司對於消費者所提供搭乘里程的累計，並誘導顧客集中購買，來兌換免費機票、免費升等，其主要為：
   (A) 創新行銷　　(B) 通路行銷
   (C) 關係行銷　　(D) 產品行銷

43. 下列何者並非典型的行銷資料庫的顧客資料？
   (A) 採購行為　　(B) 生活型態
   (C) 人格傾向　　(D) 意見：訪查結果、抱怨、查詢等等

44. ＿＿＿＿＿＝ P (顧客事後知覺) － E (顧客事前期望)。
   (A) 創新品質　　(B) 顧客滿意度
   (C) 服務品質　　(D) 顧客抱怨

45. PZB 所提出服務品質的缺口模型 (Gap Model)，第一個缺口為：
   (A) 不夠瞭解顧客的期望　　(B) 沒有選擇適當的服務設計與標準
   (C) 沒有依照標準傳遞服務　　(D) 表現並不符合原先對顧客的承諾

46. Parasuraman、Zeithaml、Berry (1985) 所提出的服務品質的五個屬性構面中，要求銀行的櫃台行員的各項收費金額與內容不得錯誤，則是屬於＿＿＿＿＿。
   (A) 可靠性　　(B) 有形性

(C) 反應性 (D) 保證性
(E) 關懷性

47. 王品集團要求服務人員樂意幫助顧客，且提供迅速的服務給顧客，是屬於 PZB 所提出的服務品質的五個屬性構面中的＿＿＿＿。
    (A) 可靠性 (B) 有形性
    (C) 反應性 (D) 保證性
    (E) 關懷性

48. 公司要求員工具專業知識、能激發顧客對他們的信心的能力，例如：律師、醫生、金融和保險服務，是屬於 PZB 所提出的服務品質的五個屬性構面中的＿＿＿＿。
    (A) 可靠性 (B) 有形性
    (C) 反應性 (D) 保證性
    (E) 關懷性

49. 旅館加強大門門廳的附加裝潢、加強燈光照明與工作人員所穿著制服，是屬於 PZB 所提出的服務品質的五個屬性構面中的＿＿＿＿。
    (A) 可靠性 (B) 有形性
    (C) 反應性 (D) 保證性
    (E) 關懷性

50. 降低銀行櫃檯的高度、加強服務人員親切地詢問顧客，並予協助服務顧客，是屬於 PZB 所提出的服務品質的五個屬性構面中的＿＿＿＿。
    (A) 可靠性 (B) 有形性
    (C) 反應性 (D) 保證性
    (E) 關懷性

子題 1 答案

1.(A)	2.(C)	3.(D)	4.(B)	5.(A)
6.(C)	7.(D)	8.(D)	9.(A)	10.(C)
11.(B)	12.(B)	13.(B)	14.(B)	15.(B)
16.(D)	17.(C)	18.(D)	19.(D)	20.(A)
21.(A)	22.(B)	23.(C)	24.(A)	25.(A)
26.(C)	27.(B)	28.(C)	29.(D)	30.(A)
31.(B)	32.(C)	33.(D)	34.(A)	35.(B)
36.(C)	37.(D)	38.(D)	39.(B)	40.(A)
41.(B)	42.(C)	43.(C)	44.(C)	45.(A)
46.(A)	47.(C)	48.(D)	49.(B)	50.(E)

子題 2

網路行銷觀念與策略

1. 大眾媒體投入大量的關注在以下何種線上行銷上？其模式為線上銷售產品和服務給最終消費者。
   (A) B2C
   (B) B2B
   (C) C2C
   (D) C2B
   (E) O2O

2. 網際網路的發展使得許多實體公司轉變為下列何種模式，以因應客戶的需求和不斷變化的市場？
   (A) 線上公司
   (B) 成為擁有店鋪並同時經營網上銷售的公司
   (C) 發送更多目錄
   (D) 開發更多電視購物節目
   (E) 拓展境外銷售人員

3. 消費者和企業透過公開的網站共享大量訊息以及互相連結彼此，可稱之為：
   (A) 交易網站
   (B) 內容網站
   (C) 網際網路
   (D) 外聯網
   (E) 企業內部網路

4. 對直效行銷中的銷售人員，下列何者為其優點？
   (A) 直效行銷提供可以接觸非當地市場的買家
   (B) 直效行銷節省公司聘用銷售團隊
   (C) 直效行銷提供有關產業購買習慣的統計資料
   (D) 直效行銷提供有關顧客和競爭對手的對比資料
   (E) 直效行銷避免了租金、保險及公用器材等費用

5. 目錄、宣傳冊、樣品和 DVD 都可以使用在哪種類型的行銷方式？
   (A) 直接回應的行銷
   (B) 郵購
   (C) 數位直銷
   (D) Kiosk 行銷
   (E) 線上行銷

6. 以下敘述何者不是直效行銷的顧客資料庫中常見的功能？
   (A) 產生銷售的線索
   (B) 收集關於競爭對手的情報
   (C) 根據以往的購買習慣分析顧客
   (D) 辨識潛在客戶
   (E) 建立長期的顧客關係

7. 所謂直效行銷是指針對何種消費者進行聯繫以培養持久的顧客關係？
   (A) 所有消費者
   (B) 某區隔中之消費者
   (C) 個別消費者
   (D) 某一類別消費者

8. 以下敘述何者不是直效行銷的形式？
   (A) 個人銷售
   (B) 公共關係
   (C) 電話行銷
   (D) 郵購
   (E) Kiosk 行銷

9. 透過網站、電子郵件、線上產品目錄、線上貿易網絡和其他線上資源以接觸新企業顧客，其與何種線上行銷方式最密切相關？
   (A) B2C
   (B) B2B
   (C) C2C
   (D) C2B
   (E) B2R

10. 直接回應性的廣告通常會包含或使用何種方式，使它更容易行銷，以評估銷售是否達到目標？
    (A) 可以寄出評論的郵件
    (B) 用按鍵來記錄造訪的人數
    (C) 60 或 120 秒長的電視廣告
    (D) 帳號號碼
    (E) 彈出式視窗

11. 以下何者是有效的直效行銷所不可或缺的？
    (A) 線上出席
    (B) 完善的顧客資料庫

(C) 訓練有素的銷售團隊　　　　　(D) 集客式電話行銷

(E) 數位直銷技術

12. 對企業來說，病毒行銷的主要缺點為：
    (A) 對大多數的企業來說成本太高
    (B) 行銷人員幾乎無法掌控收到病毒訊息的人
    (C) 與病毒訊息相關的品牌通常會被遺忘
    (D) 病毒訊息常冒犯許多潛在顧客
    (E) 病毒消息被大多數的搜索引擎阻擋

13. 淘寶網和 eBay 是受歡迎的網站，因為其便於產品和資訊在線上交易，且是以下何者線上行銷的範例？
    (A) B2C　　　　　　　　　　　(B) B2B
    (C) C2C　　　　　　　　　　　(D) C2B
    (E) O2O

14. 下列何者是以文字為基礎連結搜索引擎一同出現的線上廣告？
    (A) 內容贊助　　　　　　　　　(B) 提醒廣告
    (C) 訊息廣告　　　　　　　　　(D) 上下文廣告
    (E) 多媒體廣告

15. 一般在網站上結合動畫、影片、聲音和互動性線上廣告被稱為：
    (A) 搜尋相關廣告　　　　　　　(B) 彈出式視窗
    (C) 內容相關廣告　　　　　　　(D) 病毒廣告
    (E) 互動式多媒體廣告

16. 對購物者而言，網路購物較不具備下列哪一項特性？
    (A) 方便　　　　　　　　　　　(B) 不必找車位
    (C) 不需配合店家的營業時間　　 (D) 安全
    (E) 隱私

17. 某些未經請求和垃圾廣告電子郵件被稱為：
    (A) 網路釣魚　　　　　　　　　(B) 電子零售

(C) 顯示廣告　　　　　　　　　(D) 病毒的電子郵件

(E) 垃圾郵件

18. 目前大多數的企業為何仍使用直效行銷作為銷售它們的商品方式？

(A) 補充的管道或媒介　　　　　(B) 主要行銷組合要素

(C) 增加銷售通路　　　　　　　(D) 對成熟或國際市場技術保留

(E) (A)、(B) 及 (C)

19. 以下敘述何者不是對直效行銷顧客有利的項目？

(A) 可接近許多產品　　　　　　(B) 可以獲得產品評價

(C) 一定是低價格　　　　　　　(D) 便利

(E) 隱私

20. 一般而言，直效行銷越來越仰賴：

(A) 電視　　　　　　　　　　　(B) 郵件

(C) 網路　　　　　　　　　　　(D) 電話

(E) 收音機

21. 為什麼資料庫行銷對可以獲得或找出對公司有利潤貢獻的消費者？

(A) 公司可以將產品名稱與形象直接傳遞給消費者

(B) 公司可以由顧客關係與銷售線索中獲得利益

(C) 顧客可以獲得更低的價格

(D) 顧客可以獲得更快更佳的服務

(E) 顧客可以從更多的公司中獲取更多的信用

22. 現今企業直效行銷大量仰賴資料庫技術 (大數據) 與網際網路，而過去則利用郵局郵件、電話行銷與：

(A) 銷售員親自拜訪　　　　　　(B) 型錄

(C) POP 促銷　　　　　　　　　(D) 電子郵件

(E) 內部銷售員

23. 在企圖利用衝動或不太成熟買家的這種優勢下，零售商是使用何種方式來矇蔽顧客？

(A) 直接郵件行銷　　　　　　(B) 電話行銷
(C) 直接回應電視行銷　　　　(D) 手機行銷
(E) 訊息站行銷

24. 以下哪一項不是鄉民和行銷人員所擔憂的詐欺行為？
    (A) 病毒行銷　　　　　　　(B) 網路釣魚
    (C) 惡意軟體　　　　　　　(D) 造訪未經授權的團體
    (E) 間諜軟體

25. 下列哪一個不是行銷人員在電視廣告方面失去了信心的理由？
    (A) 電視廣告花費較網路廣告花費金額上升得慢
    (B) 電視廣告與其他大眾媒介不再是促銷預算的大宗
    (C) 許多觀眾往往使用影片或 DVR
    (D) 大眾媒體的成本上升
    (E) 電視觀眾的人數下降

26. 現今部落格、Facebook 和其他網站論壇的普及，導致爆炸性的商業贊助網站稱之為：
    (A) 網路社群　　　　　　　(B) 入口網站
    (C) 行銷片段　　　　　　　(D) 發泡
    (E) 橫幅破壞者

27. 下列何種推廣方式是使用展示商品、折扣優惠、折價券和當場示範？
    (A) 銷售促進　　　　　　　(B) 直接行銷
    (C) 公共關係　　　　　　　(D) 人員銷售
    (E) 廣告

28. 現代的直銷商依賴大數據資料和網路，而早期的直銷商主要使用直接郵件、電話行銷以及下列何者？
    (A) 挨家挨戶銷售　　　　　(B) 目錄
    (C) POP 推銷　　　　　　　(D) 電子郵件
    (E) 內部銷售

29. 在直效行銷的顧客資料庫中，消費心態的資料包含客戶哪兩種資訊？
    (A) 興趣及收入 (B) 看法及年齡
    (C) 年齡及購買偏好 (D) 活動及看法
    (E) 嗜好及收入

30. 以下何者是單向抒發管道為主的網路溝通工具？
    (A) E-mail (B) Skype
    (C) QQ (D) Facebook
    (E) LINE

31. 行銷人員使用何種電話行銷方式是透過電視廣告和目錄接收訂單？
    (A) 集客式 (B) 推廣式
    (C) 互動 (D) 直接回應
    (E) 企業對企業

32. 何者交易型態是企業可節約實體商店的成本、管理以及人員等費用，而經由物流系統的運作，商品也可以更快速地寄達消費者手上？
    (A) B2B (B) C2B
    (C) B2C (D) C2C
    (E) O2O

33. 阿里巴巴 (1688.com) 集團在 2003 年投資一億元人民幣建立的個人網上交易平台為：
    (A) 中國雅虎 (B) PChome
    (C) 淘寶網 (D) ihergo
    (E) 天貓

34. 以下何者是一種允許使用者即時更新簡短文字 (通常少於 200 字)，並可以公開發布的部落格形式？
    (A) QQ (B) Skype
    (C) Twitter (D) Facebook
    (E) LINE

35. 由企業建構網站，成為中間商，促成消費者間之買賣，企業只收取手續費是何種交

易型態？

(A) B2B
(B) B2C
(C) C2B
(D) C2C
(E) O2O

36. PChome 線上購物為何種交易型態？

(A) B2C
(B) B2B
(C) C2B
(D) C2C
(E) O2O

37. 阿里巴巴網站 (1688.com) 為何種交易型態？

(A) B2B
(B) B2C
(C) C2B
(D) C2C
(E) O2O

38. 下列何者是 C2C 的網站型態？

(A) eBay
(B) Amazon.com
(C) 博客來
(D) 阿里巴巴
(E) PChome

39. 以下何者是「開心農場」遊戲可滿足使用者之某種需求？

(A) 心理需求
(B) 社會需求
(C) 歸屬感與愛的需求
(D) 人際的需求
(E) 生理需求

40. 以下何者不是行銷人員考慮手機作為行銷市場媒介的主要原因？

(A) 越來越多的消費者用手機發送簡訊、瀏覽網頁及看影片
(B) 在 18 至 34 歲的人口數據中顯示，手機很受歡迎且具有高滿意度
(C) 不同於電話行銷，手機行銷最先開始吸引大量的手機用戶
(D) 手機用戶可以在時間急迫的訂單做即時回覆
(E) 大多數消費者皆有自己的手機

41. 下列何者非 PChome 24h 購物服務，造成消費者熱烈迴響之因素？

(A) 訂單零時差 (B) 庫存零時差
(C) 出貨零時差 (D) 保固零時差

42. 消費者可以在網路上尋找想要購買某產品之其他人，一起向店家出價，這種方式屬於下列哪一種？
    (A) B2B (B) B2C
    (C) C2C (D) C2B
    (E) O2O

43. 免費鈴聲、手機遊戲及簡訊比賽皆是何種行銷方式？
    (A) 資訊站 (B) 線上
    (C) 播客 (D) 視訊播客
    (E) 手機

44. 病毒式行銷是指：
    (A) 利用病毒將行銷內容植入消費者電腦中
    (B) 在行銷內容中藏著病毒
    (C) 讓訊息能藉由口碑，散播給更多的潛在消費者
    (D) 利用病毒侵入消費者電腦，以記錄消費者瀏覽過哪些網站

45. 企業應使用何種電話行銷來接觸潛在顧客，使銷售人員直接銷售給顧客？
    (A) 集客式 (B) 推廣式
    (C) 直接回應 (D) 選擇性退出
    (E) 企業對企業

46. 利用欺騙性的電子郵件與詐欺網站來誘騙消費者填寫個人資料進行身分竊取，稱之為：
    (A) 網路病毒 (B) 網路蟑螂
    (C) 網路釣魚 (D) 網路怪客
    (E) 網路作手

47. 以下哪一項是一個 30 分鐘的電視廣告節目行銷單一產品最準確的名稱？
    (A) 電視購物 (B) 直接回應電視廣告

(C) 整合行銷 (D) 直接回應廣告
(E) 家庭購物頻道

48. 下列何種電子商務平台，是為了一般消費者提供一個線上交易平台，使賣方可以主動提供商品上網拍賣，而買方可以自行選擇商品進行競價？
    (A) B2B (B) B2C
    (C) C2B (D) C2C
    (E) O2O

49. 以下何者是經營電子商務的最重要議題？
    (A) 價值 (B) 成本
    (C) 服務 (D) 獲利可能性
    (E) 價格

50. 下列哪一項不是網路型錄的顯著優點？
    (A) 即時 (B) 提供的商品種類幾乎沒有限制
    (C) 價格可立即調整 (D) 可建立網路社群

子題 2 答案

1.(A)	2.(B)	3.(C)	4.(A)	5.(B)
6.(B)	7.(C)	8.(B)	9.(B)	10.(B)
11.(B)	12.(B)	13.(C)	14.(D)	15.(E)
16.(E)	17.(E)	18.(E)	19.(C)	20.(C)
21.(B)	22.(B)	23.(A)	24.(A)	25.(B)
26.(A)	27.(A)	28.(B)	29.(D)	30.(A)
31.(A)	32.(C)	33.(C)	34.(C)	35.(D)
36.(A)	37.(A)	38.(A)	39.(B)	40.(C)
41.(D)	42.(D)	43.(E)	44.(C)	45.(C)
46.(C)	47.(A)	48.(D)	49.(D)	50.(D)

練習題題庫

第一回

1. 一般而言,電話鈴聲響三聲以內請拿起聽筒,最多不超過五聲,請問第幾聲最正確?
   (A) 第一聲
   (B) 第二聲
   (C) 第三聲
   (D) 第四聲

2. 接待不速之客時,請問下列何者最正確?
   (A) 考慮不予接待
   (B) 先核對訪客接待登記簿,是否事先約定
   (C) 給杯水喝
   (D) 把大客戶接進去

3. 西式宴客後,參加的人應該做什麼事?
   (A) 應於次日致感謝函給主人
   (B) 跟他人說明菜色好壞
   (C) 幫忙收碗盤
   (D) 以上皆非

4. 有關西餐餐桌上喝酒的規矩,何者不正確?
   (A) 紅酒冰過比較好喝
   (B) 白酒要喝之前 30 分鐘放入冷藏室,比較好喝
   (C) 白酒在前,紅酒在後
   (D) 餐後酒大都是烈酒,酒精成份比較高

5. 需要理論中,何者是個人希望潛力能得到完全的發揮?
   (A) 自我實現需要
   (B) 安全需要
   (C) 社會需要
   (D) 尊重需要

6. 下列陳述中,何者不是馬斯洛的層級理論?
   (A) 低層次的需要必須先得到滿足
   (B) 高層次的需要不易獲得滿足

201

(C) 人類的需要可以分為五類　　　　(D) 人類最基本的需要就是安全

7. 下列何者非為馬斯洛的需要理論中之內容？
   (A) 社會需要　　　　　　　　　　(B) 生理需要
   (C) 安全需要　　　　　　　　　　(D) 價值需要

8. 根據聯合國世界衛生組織對於「老齡化」的定義，六十五歲以上老年人口占總人口的比例達百分之幾時，稱為「高齡社會」(aged society)？
   (A) 10　　　　　　　　　　　　　(B) 14
   (C) 18　　　　　　　　　　　　　(D) 20

9. 接聽電話時，下列何者為是？
   (A) 打招呼＋公司大名＋部門名稱＋自己的名字
   (B) 公司大名＋部門名稱＋自己的名字
   (C) 打招呼＋公司大名＋部門名稱
   (D) 請問你找哪位？

10. 根據聯合國世界衛生組織對於「老齡化」的定義，六十五歲以上老年人口占總人口的比例達百分之幾時，則稱為「超高齡社會」(super-aged society)？
    (A) 20　　　　　　　　　　　　　(B) 18
    (C) 14　　　　　　　　　　　　　(D) 10

11. 大學生畢業前撰寫的專題所進行的問卷調查是：
    (A) 初級資料　　　　　　　　　　(B) 描述資料
    (C) 次級資料　　　　　　　　　　(D) 觀察資料

12. 西餐用餐時的禮儀，下列何者不正確？
    (A) 刀叉由外至內順序使用
    (B) 右手刀，左手叉
    (C) 正式場合一道菜一套餐具
    (D) 自助式西餐用過的盤子可再重複使用以節省盤子

13. 可支配所得意指：

(A) 可隨意支配收入 (B) 稅前收入
(C) 家庭為單位的消費額 (D) 稅後所得

14. 研究者欲了解兩岸服貿對於台灣之衝擊和影響，此種研究較屬於：
    (A) 探索性研究 (B) 規範性研究
    (C) 描述性研究 (D) 調查性研究

15. 當企業想要將其提供物與競爭者差異化時，下列何者是製造差異化的途徑？
    (A) 產品差異化 (B) 通路差異化
    (C) 形象差異化 (D) 以上皆是

16. 用餐禮儀之中，下列何者正確？
    (A) 吃牛排時，把牛肉都切成小塊後，再慢慢進食
    (B) 主菜是海鮮時，應搭配紅酒
    (C) 因為有開車前來聚餐，擔心警察會開罰單，所以就不讓服務員倒酒
    (D) 麵包不可沾湯吃

17. 研究者欲探討廣告效益而使用報紙或機構所作之收視率調查報告，此種資料為：
    (A) 初級資料 (B) 次級資料
    (C) 描述資料 (D) 觀察資料

18. 費雪賓模式 (Fishbein model) 中，是幫助消費者建立：
    (A) 行銷控制的資訊來源 (B) 替代方案評估
    (C) 制定購買決策 (D) 評估實際購買行為

19. 一場沒有主題、沒有議程、過程鬆散、不知所云的會議是：
    (A) 不可避免的 (B) 最普遍的
    (C) 最浪費時間的 (D) 最浪費成本的

20. 研究者常使用交通部觀光局所公布在網站的旅遊人數資料，此種資料為：
    (A) 初級資料 (B) 次級資料
    (C) 描述資料 (D) 觀察資料

21. 費雪賓模式 (Fishbein model) 中，不包含下列哪一個項目？

(A) 信念　　　　　　　　　　(B) 認知
(C) 屬性　　　　　　　　　　(D) 態度

22. 下列哪種採購情境，是行銷人員最大的機會，也是最大的挑戰？
    (A) 直接重購　　　　　　　　(B) 選擇性採購
    (C) 新任務購買　　　　　　　(D) 修正再購

23. 面臨較高採購風險，參與購買決策的人員需較多，且需廣泛搜尋資訊的組織購買類型為：
    (A) 直接重購　　　　　　　　(B) 選擇性採購
    (C) 新任務購買　　　　　　　(D) 修正再購

24. 技術的、經濟的、政治的、法律的和文化的環境是影響組織市場購買的什麼因素？
    (A) 環境因素　　　　　　　　(B) 組織因素
    (C) 人際因素　　　　　　　　(D) 個人因素

25. 下列何者不是企業選擇目標市場時所考慮的因素？
    (A) 企業產品的規格　　　　　(B) 顧客數目
    (C) 所接觸的媒體　　　　　　(D) 偏好的購買據點

26. 下列何者不是企業選擇目標市場時所考慮的因素？
    (A) 替代品的威脅　　　　　　(B) 同業產品的規格
    (C) 目前競爭者的競爭程度　　(D) 潛在新進者的威脅

27. 一項值得企業建立的差異化因素，應該符合下列何種標準？
    (A) 獲利性　　　　　　　　　(B) 傳達性
    (C) 先佔性　　　　　　　　　(D) 以上皆是

28. 會議性質大致分為三大類：簡報式、溝通管理式、訓練式。其中溝通管理式的參加人數：
    (A) 越多越好　　　　　　　　(B) 越少越好
    (C) 不超過十人的相關人員最好　(D) 就主管與有問題的部門主管兩人就好

29. 什麼是指直接或間接影響個人購買行為的正式或非正式團體？

(A) 參考群體　　　　　　　　　(B) 社會階層
(C) 族群　　　　　　　　　　　(D) 意見領袖

30. 訓練式會議的桌子排法：
    (A) 一個大圓桌　　　　　　　(B) 上課式桌椅排法
    (C) 多個分組桌椅排法　　　　(D) 隨興站或坐較輕鬆

31. 公文，就是處理公務的文書，是_____公務、溝通意見的重要工具。
    (A) 政府機關　　　　　　　　(B) 民間企業
    (C) 政府與民間　　　　　　　(D) 私人之間

32. 非行銷控制的資訊來源中，不包含下列哪一個項目？
    (A) 個人體驗來源　　　　　　(B) 個人人脈來源
    (C) 個人信念　　　　　　　　(D) 公共來源

33. 公文的行文系統大致分為上行文和平行文，_____是屬於上行文。
    (A) 簽　　　　　　　　　　　(B) 計畫
    (C) 公告　　　　　　　　　　(D) 開會通知

34. 幕僚處理公務表達意見，以供上級了解案情，並做抉擇依據時，使用的是：
    (A) 公告　　　　　　　　　　(B) 開會通知
    (C) 簽　　　　　　　　　　　(D) 計畫

35. 彼得‧杜拉克有句話說：時間是最為稀少的資源，除非時間被妥善管理，否則任何其他事物皆無法被妥善管理。現代管理以時間為_____，因為時間是最珍貴的資源，也最難掌握。
    (A) 競爭基礎　　　　　　　　(B) 資源基礎
    (C) 效率基礎　　　　　　　　(D) 管理基礎

36. 秘書所做的很多事情都是臨時性的交代，同一個時間出現很多事情都要一起做，這時候就要運用管理學上常常提到的八十二十原理，也就是：
    (A) 彼得定律　　　　　　　　(B) 掌握關鍵的原理
    (C) 猴子理論　　　　　　　　(D) 柏金森定律

37. 在訂機位時，秘書應考量的是：
    (A) 省錢第一
    (B) 儘量直飛，減少轉機時間
    (C) 主管還年輕，多次轉機不是問題
    (D) 全看旅行社安排

38. 八十二十原理是義大利經濟學和社會學家_____所提出的。終其一生他都企圖以數學的原理來解釋經濟及社會現象。
    (A) Peter Drucker
    (B) Peter Senge
    (C) Vilfredo Pareto
    (D) Michael Porter

39. 文字溝通很重要，在開始了解寫作技巧以前，秘書必須牢記一個觀點：要以_____的角度來著手撰寫。
    (A) 讀者
    (B) 老闆
    (C) 同事
    (D) 客戶

40. 運用文字的力量，商業信函寫作時，應該避免使用太多難懂的單字、片語、贅詞、重複。英文字句應該保持平均長度。一串句子包括約 16 個字屬於正常範圍，超過_____個字的句子就很難懂了。
    (A) 18
    (B) 20
    (C) 22
    (D) 24

41. 消費者目前還不知道，或是消費者知曉，但尚無購買意願的產品為：
    (A) 工業品
    (B) 選購品
    (C) 特殊品
    (D) 忽略品

42. 無論是對內備忘錄或是代表公司之對外信函，要注意語氣，切忌：
    (A) 寫給上司或客戶的信務必恭敬有禮、語氣婉轉
    (B) 寫給下屬的信件要顯得有威嚴
    (C) 寫給同事則要顯得友好、樂於合作
    (D) 寫給晚輩的信要不亢不卑

43. 專業秘書除了要會做事，還需要會：
    (A) 能歌善舞
    (B) 察言觀色
    (C) 崇拜主管
    (D) 做主管的眼線

44. 主管有不同的個性，遇到性急的主管，秘書的配合方法是：
    (A) 勸他放慢腳步
    (B) 比他更急
    (C) 無所謂，維持自己的步調
    (D) 跟上他的腳步，凡事講求效率

45. 主管出差免不了要準備開會資料，秘書應該採取什麼工作態度：
    (A) 等主管的指令才開始準備
    (B) 主管自己會處理，不必擔心
    (C) 平常心看待
    (D) 秘書應該視為優先處理，並全力以赴

46. 情緒管理得宜可以：
    (A) 決定生活品質
    (B) 影響自己與他人間的關係
    (C) 影響工作表現
    (D) 以上皆是

47. IQ 與 EQ 的互相關聯是：
    (A) 從「用腦」到「用心」有加乘作用
    (B) 沒有關聯
    (C) EQ 比 IQ 重要
    (D) IQ 比 EQ 重要

48. 與上司相處，需要了解主管的_____，以便及早建立默契。
    (A) 每日作息表
    (B) 私人帳務
    (C) 家庭
    (D) 習慣與工作方式

49. 主管生氣也是常有的事情，不必大驚小怪，不可以：
    (A) 將他的約會挪開
    (B) 電話緩接
    (C) 火上澆油
    (D) 想辦法化解一番

50. 秘書的工作彈性很大，是主管的_____，擔任主管本人承擔、但是不合乎管理效益所累積下來的工作。
    (A) 顧問人員
    (B) 幕僚人員
    (C) 管理人員
    (D) 業務人員

51. 現今大部分的生產者是透過_____以銷售其商品。
    (A) 最終使用者
    (B) 中間商
    (C) 行銷機構
    (D) 倉儲公司
    (E) 第三方物流公司

52. 產品對其目標顧客需存在利益與價值之產品層次為：
    (A) 核心顧客價值　　　　　　　　(B) 基本產品
    (C) 增益產品　　　　　　　　　　(D) 期望產品

53. 產品為了有利與競爭者有效競爭，所發展之產品層次為：
    (A) 核心顧客價值　　　　　　　　(B) 基本產品
    (C) 增益產品　　　　　　　　　　(D) 期望產品

54. 下列哪一種情況有助於新產品的採用速度？
    (A) 很少有試用此產品的機會
    (B) 使用新產品的結果很難被察覺
    (C) 瞭解與使用新產品的困難度高
    (D) 與消費者現存的價值觀、生活型態及價值觀較一致

55. 在晚期大眾消費者中，促使他們採用與購買創新產品的原因為何？
    (A) 團體壓力的影響　　　　　　　(B) 電視報導
    (C) 企業主辦的促銷活動　　　　　(D) 廣告宣傳

56. 影響產品價格的因素有很多，下列何者決定產品價格的「下限」？
    (A) 產品成本　　　　　　　　　　(B) 競爭情勢
    (C) 政府法令　　　　　　　　　　(D) 行銷組合變數

57. 影響產品價格的因素可分為內部因素與外部因素。下列何者屬於產品訂價的外部因素？
    (A) 生產要素的成本　　　　　　　(B) 行銷目標
    (C) 市場需求　　　　　　　　　　(D) 產品品牌

58. 下列何者不是典型的供應鏈中的成員？
    (A) 零售商　　　　　　　　　　　(B) 消費者
    (C) 政府機構　　　　　　　　　　(D) 原料供應商
    (E) 躉售商

59. 由製造商或服務供應商提供原料、物件、零件、資訊、財務及技術專家以生產產品

或服務，此為在供應鏈_____之型態。

(A) 下游　　　　　　　　　(B) 上游

(C) 平行　　　　　　　　　(D) 垂直

(E) 中間

60. 推廣包含：

(A) 人員銷售　　　　　　　(B) 大眾銷售

(C) 促銷　　　　　　　　　(D) 以上皆是

(E) 只有 (A) 與 (B)

61. 在何種情況下，人員銷售會比廣告還要適當？

(A) 當目標市場大且廣時　　(B) 當潛在顧客多且欲使推廣成本降低時

(C) 彈性不重要時　　　　　(D) 非常需要立即回饋時

(E) 以上皆是

62. 影響產品價格的因素有很多，下列何者決定產品價格的「上限」？

(A) 競爭情勢　　　　　　　(B) 顧客反應

(C) 政府法令　　　　　　　(D) 行銷組合變數

63. 下列何種屬於重點式和游擊式的降價方法？

(A) 摸彩券　　　　　　　　(B) 貨款減退

(C) 特惠組合　　　　　　　(D) 贈品

(E) 折扣券

64. 企業若欲建立形象，亦可在記者會或股東大會採取何種方式進行？

(A) 事件贊助　　　　　　　(B) 製造新聞議題

(C) 發行與發放出版物　　　(D) 危機處理

65. 目標閱聽眾的六個購買準備階段中在購買的前一個階段為：

(A) 喜歡　　　　　　　　　(B) 偏好

(C) 堅信　　　　　　　　　(D) 知曉

(E) 購買

66. 一般而言，比較會進行廣告的是：
    (A) 政府機關
    (B) 企業
    (C) 社福團體
    (D) 非營利組織
    (E) 個人工作室

67. 服務的生產過程同時也是消費過程，而且消費者必須直接參與生產過程，這是屬於服務的何種屬性？
    (A) 無形性
    (B) 異質性
    (C) 不可分割性
    (D) 易逝性

68. 服務無法儲存，不同於實體產品可將產品儲存，是因為這是屬於服務的何種屬性？
    (A) 無形性
    (B) 異質性
    (C) 不可分割性
    (D) 易逝性

69. 服務生產是不同服務人員為不同的顧客提供同一種服務。由於不同顧客的感知不同，不同服務人員提供的服務品質也不盡相同，因此這是屬於服務的何種屬性？
    (A) 無形性
    (B) 異質性
    (C) 不可分割性
    (D) 易逝性

70. 大眾媒體投入大量的關注在以下何種線上行銷上？其模式為線上銷售產品和服務給最終消費者。
    (A) B2C
    (B) B2B
    (C) C2C
    (D) C2B
    (E) O2O

71. 網際網路的發展使得許多實體公司轉變為下列何種模式，以因應客戶的需求和不斷變化的市場？
    (A) 線上公司
    (B) 成為擁有店鋪並同時經營網上銷售的公司
    (C) 發送更多目錄
    (D) 開發更多電視購物節目
    (E) 拓展境外銷售人員

72. 消費者和企業透過公開的網站共享大量訊息以及互相連結彼此,可稱之為:
    (A) 交易網站　　　　　　　　　(B) 內容網站
    (C) 網際網路　　　　　　　　　(D) 外聯網
    (E) 企業內部網路

73. 對直效行銷中的銷售人員,下列何者為其優點?
    (A) 直效行銷提供可以接觸非當地市場的買家
    (B) 直效行銷節省公司聘用銷售團隊
    (C) 直效行銷提供有關產業購買習慣的統計資料
    (D) 直效行銷提供有關顧客和競爭對手的對比資料
    (E) 直效行銷避免了租金、保險及公用器材等費用

74. 任何干擾工作效率的事情都應該避免,請問下列何者是應該避免的事情?
    (A) 老闆叫你　　　　　　　　　(B) 同事找你
    (C) 有電話響了　　　　　　　　(D) 客戶來訪

75. 服務通常有別於有形產品,在於其服務產品呈現眾多差異性。服務不像商品,在購買之前購買者是無法感受到服務諸如視、聽、聞、嘗、觸等特性,這是屬於服務的何種屬性?
    (A) 無形性　　　　　　　　　　(B) 異質性
    (C) 不可分割性　　　　　　　　(D) 易逝性

76. 以下何者明確規定了每個銷售人員的工作及當責?
    (A) 組織架構　　　　　　　　　(B) 組織圖
    (C) 責任銷售區架構　　　　　　(D) 流程圖

77. 下列哪一項不是網路型錄的顯著優點?
    (A) 即時　　　　　　　　　　　(B) 提供的商品種類幾乎沒有限制
    (C) 價格可立即調整　　　　　　(D) 可建立網路社群

78. 降低銀行櫃檯的高度、加強服務人員親切地詢問顧客,並予協助服務顧客,是屬於PZB所提出的服務品質的五個屬性構面中的＿＿＿＿＿＿＿。
    (A) 可靠性　　　　　　　　　　(B) 有形性

(C) 反應性 (D) 保證性
(E) 關懷性

79. 以下哪一項不是行銷人員考慮以手機作為下一個行銷市場媒介的原因？
   (A) 越來越多的消費者使用手機發送簡訊、瀏覽網頁及看影片
   (B) 在 18 至 34 歲的人口數據中顯示，手機很受歡迎且具有高滿意度
   (C) 不同於電話行銷，手機行銷最先開始吸引大量的手機用戶
   (D) 手機用戶可以在時間急迫的訂單做即時回覆
   (E) 大多數的消費者都有手機

80. 企業獲利要回饋社會，最簡單的就是透過「捐錢」，此法屬於促銷中的何種工具？
   (A) 事件贊助 (B) 製造新聞議題
   (C) 發行與發放出版物 (D) 危機處理

第一回答案

1.(B)	2.(A)	3.(A)	4.(A)	5.(A)
6.(D)	7.(D)	8.(B)	9.(A)	10.(A)
11.(A)	12.(D)	13.(D)	14.(A)	15.(D)
16.(D)	17.(B)	18.(B)	19.(C)	20.(B)
21.(B)	22.(C)	23.(C)	24.(A)	25.(A)
26.(B)	27.(D)	28.(C)	29.(A)	30.(C)
31.(A)	32.(C)	33.(A)	34.(C)	35.(A)
36.(B)	37.(B)	38.(C)	39.(A)	40.(B)
41.(D)	42.(D)	43.(B)	44.(D)	45.(D)
46.(D)	47.(A)	48.(D)	49.(C)	50.(B)
51.(B)	52.(A)	53.(C)	54.(D)	55.(A)
56.(A)	57.(C)	58.(C)	59.(B)	60.(D)
61.(D)	62.(B)	63.(E)	64.(C)	65.(C)
66.(B)	67.(C)	68.(D)	69.(B)	70.(A)
71.(B)	72.(C)	73.(A)	74.(C)	75.(A)
76.(C)	77.(D)	78.(E)	79.(C)	80.(A)

第二回

1. 秘書為了協助主管做管理庶務性工作時，電話篩選是無法避免的，請問下列何者最正確？
   (A) 不論任何人來電都先擋下來
   (B) 幫對方解決問題以減少彼此時間上的無謂浪費
   (C) 長話短說
   (D) 把大客戶的電話接進去

2. 「對不起，讓你久等了。」只要無法立即接聽電話，或者必須在交談中暫時擱下電話，當你再度拿起聽筒時，應該說：
   (A) Sorry.　　　　　　　　　　　(B) Are you still there?
   (C) Let you waiting.　　　　　　　(D) So sorry.

3. 當我們接到一通電話，都會請教對方貴姓，為什麼？
   (A) 身家調查　　　　　　　　　　(B) 尊稱對方
   (C) 過濾人選　　　　　　　　　　(D) 隨便問問

4. 不速之客接待時，請問下列何者最正確？
   (A) 考慮不予接待　　　　　　　　(B) 先核對訪客接待登記簿，是否事先約定
   (C) 給杯水喝　　　　　　　　　　(D) 把大客戶接進去

5. 有很多地點可以作為一般的接待場所，下列哪一種比較適合人數少的重要貴賓？
   (A) 主管辦公室　　　　　　　　　(B) 會議室
   (C) 餐廳　　　　　　　　　　　　(D) 會客室

6. 接待室應準備哪些東西？
   (A) 報章雜誌　　　　　　　　　　(B) 公司刊物
   (C) 公司簡介　　　　　　　　　　(D) 以上皆是

7. 接待一位客人時,應該站在客人的:
   (A) 右側　　　　　　　　　　(B) 左側
   (C) 前面　　　　　　　　　　(D) 後面

8. 行銷組合 (marketing mix) 中,所謂的 4P 不包括下列何者?
   (A) 人員 (People)　　　　　　(B) 產品 (Product)
   (C) 推廣 (Promotion)　　　　(D) 通路 (Place)

9. 下列哪一個組織屬於非營利組織?
   (A) 銘傳大學　　　　　　　　(B) 誠品書局
   (C) 中華航空　　　　　　　　(D) 7-11

10. 下列哪一個組織不屬於非營利組織?
    (A) 創世基金會　　　　　　　(B) 長庚醫院
    (C) 誠品書店　　　　　　　　(D) 慈濟

11. _____是指對組織的經營有直接與立即影響的環境因素。
    (A) 個體環境　　　　　　　　(B) 總體環境
    (C) 行銷環境　　　　　　　　(D) 以上皆非

12. 接聽電話時,下列何者為是?
    (A) 打招呼＋公司大名＋部門名稱＋自己的名字
    (B) 公司大名＋部門名稱＋自己的名字
    (C) 打招呼＋公司大名＋部門名稱
    (D) 請問你找哪位?

13. _____是指對組織的經營有間接影響的環境因素。
    (A) 個體環境　　　　　　　　(B) 總體環境
    (C) 行銷環境　　　　　　　　(D) 以上皆非

14. 企業因特定的需要,委外或是由企業收集之資料,稱為:
    (A) 正式調查資料　　　　　　(B) 學術研究資料
    (C) 初級資料　　　　　　　　(D) 次級資料

15. 企業得到來自行政院主計處所公佈的人口統計與消費相關之資料,係屬於:
    (A) 正式調查資料　　　　　　　(B) 學術研究資料
    (C) 初級資料　　　　　　　　　(D) 次級資料

16. 問卷問題為「請問您對於開放陸客自由行,是否對台灣觀光產業有所助益」,係為了解:
    (A) 事實　　　　　　　　　　　(B) 意見
    (C) 知識　　　　　　　　　　　(D) 行為

17. 「請勾選下列您認為台灣開放美國牛肉的影響有哪些?」這屬於何種問題?
    (A) 半開放　　　　　　　　　　(B) 開放
    (C) 封閉　　　　　　　　　　　(D) 半封閉

18. 消費者的購買決策程序中,何者為第一步驟?
    (A) 問題確認　　　　　　　　　(B) 資料蒐集
    (C) 購買決策　　　　　　　　　(D) 行銷分析

19. 當某些刺激或訊息根本沒有被消費者所接觸,這是一種什麼現象?
    (A) 選擇性展露 (selective exposure)　　(B) 選擇性注意 (selective attention)
    (C) 選擇性扭曲 (selective distortion)　(D) 選擇性記憶 (selective retention)

20. 當某些刺激或訊息會因為自身的興趣或態度而對某些刺激特別注意,這種現象叫做:
    (A) 選擇性展露 (selective exposure)　　(B) 選擇性注意 (selective attention)
    (C) 選擇性扭曲 (selective distortion)　(D) 選擇性記憶 (selective retention)

21. 當某些刺激或訊息會因為自身的感覺或信念而相衝突,進而改變或曲解,這種現象叫做:
    (A) 選擇性展露 (selective exposure)　　(B) 選擇性注意 (selective attention)
    (C) 選擇性扭曲 (selective distortion)　(D) 選擇性記憶 (selective retention)

22. 下列何者不是企業的選擇目標市場時所考慮的因素?
    (A) 區隔市場規模　　　　　　　(B) 區隔市場的結構

(C) 區隔市場的差異　　　　　　　　(D) 區隔市場成長率

23. 下列何者不是組織市場類型？
    (A) 企業市場　　　　　　　　　　(B) 消費市場
    (C) 政府市場　　　　　　　　　　(D) 機構市場

24. 組織市場不包括下列何者？
    (A) 製造商　　　　　　　　　　　(B) 零售商
    (C) 政府機構　　　　　　　　　　(D) 以上皆是

25. 將所取得的產品或服務，經過生產加工，再將其銷售，或供應其它組織的市場類型為：
    (A) 企業市場　　　　　　　　　　(B) 中間商市場
    (C) 政府市場　　　　　　　　　　(D) 機構市場

26. 通常汽車、服飾、旅遊服務及理財商品，最常以何種變數來區隔市場？
    (A) 性別　　　　　　　　　　　　(B) 所得
    (C) 年齡　　　　　　　　　　　　(D) 家庭生命週期

27. 航空公司的累積飛行哩程數，及信用卡公司累積點數是針對何種區隔變數所推出的促銷活動？
    (A) 使用時機　　　　　　　　　　(B) 使用情境
    (C) 使用頻率　　　　　　　　　　(D) 忠誠狀態

28. 下列哪一個不是個體經濟環境的主要成員？
    (A) 股東　　　　　　　　　　　　(B) 工會
    (C) 競爭者　　　　　　　　　　　(D) 科技

29. 巧克力、鮮花、禮品之類的產品，常利用一些特殊的節日推出促銷活動，會使用何種區隔變數？
    (A) 使用時機　　　　　　　　　　(B) 使用情境
    (C) 使用頻率　　　　　　　　　　(D) 使用者狀態

30. 簡報式會議有眾多來賓，主講者應該：

(A) 坐著講　　　　　　　　　　(B) 站著講
(C) 隨興走動的講　　　　　　　(D) 站上有高度的講台講

31. 訓練式會議的主要目的是：
    (A) 宣讀事項　　　　　　　　(B) 培養互動
    (C) 學習服從　　　　　　　　(D) 學習技能與觀念

32. 會議議程應該在什麼時候決定好？
    (A) 會議中決定　　　　　　　(B) 會議後決定
    (C) 開會前幾天決定　　　　　(D) 臨時決定

33. 公文的行文系統，各部門就其職司業務，向特定之對象宣布周知時，使用的是：
    (A) 計畫　　　　　　　　　　(B) 函
    (C) 公告　　　　　　　　　　(D) 簽

34. 公文的寫法，標準是_____的結構。
    (A) 一段式　　　　　　　　　(B) 二段式
    (C) 三段式　　　　　　　　　(D) 四段式

35. 公文的數字標示，有一定的方法，以下何者為是？
    (A) (一)、(二)、一、二、1. 2. (1) (2) 甲、乙、(甲)、(乙)
    (B) 一、二、甲、乙、(甲)、(乙) (一) (二) 1. 2. (1) (2)
    (C) 一、二、(一) (二) 甲、乙、(甲)、(乙) 1. 2. (1) (2)
    (D) 一、二、(一) (二) 1. 2. (1) (2) 甲、乙、(甲)、(乙)

36. 主管出差，除了提醒他要帶兩種以上的信用卡，還要幫他準備一些當地現鈔，因為：
    (A) 方便他購買當地禮物
    (B) 逛市集時用
    (C) 購買巴士票、船票、計程車等小額交通費用
    (D) 帶些現金比較安心

37. 八十二十原理就是數學中的_____原理，被後來的時間管理學者在優先順序的程度上，廣泛的運用。

(A)「重要多數與瑣碎少數」　　　　(B)「少數服從多數」
(C)「多數服從少數」　　　　　　(D)「重要少數與瑣碎多數」

38. 傳統檔案可以劃分為文字類和非文字類，其中＿＿＿＿是屬於非文字類。
   (A) 光碟　　　　　　　　　　(B) 報告
   (C) 備忘錄　　　　　　　　　(D) 會議記錄

39. 傳統檔案可以劃分為文字類和非文字類，其中＿＿＿＿是屬於文字類。
   (A) 幻燈片　　　　　　　　　(B) 照片
   (C) 錄影帶　　　　　　　　　(D) 公文

40. 主管缺乏組織能力，凡事慣於積壓，秘書應採取的工作態度是：
   (A) 不要給他壓力
   (B) 尊重他的習性
   (C) 補足他的缺點，協助他養成固定時間批示公文的習慣，使辦公室的運作動起來
   (D) 到處向同事訴苦、撇清責任

41. 重視人脈及交際的主管，會隨時交辦各式各樣的事情，秘書應保持的工作心態是：
   (A) 先做公事，再做私事
   (B) 先做私事，再做公事
   (C) 公私不分，只要主管交辦的事就去做
   (D) 先判斷事情的輕重緩急，公私事一併迅速處理並回報

42. 八十二十原理主要的內容是說，在任何團體中，比較有意義或比較重要的分子，通常只佔：
   (A) 多數　　　　　　　　　　(B) 少數
   (C) 不多不少　　　　　　　　(D) 或多或少數

43. 任何一組物件或任何一個團體中，都有不可或缺的「少數」，以及「可有可無的多數」。只要能控制具有重要性的＿＿＿＿的份子，就能控制全局。
   (A) 少數　　　　　　　　　　(B) 多數
   (C) 不多不少　　　　　　　　(D) 或多或少數

44. _____，則秘書就很難掌握住成功寫作的技巧。
    (A) 內文力求清晰、精簡與直接　　(B) 運用強而有力的引言與結論
    (C) 巧妙運用標題、視覺效果　　　(D) 運用負面、推卸責任的字句

45. 秘書必須掌握出差主管的行程、住宿飯店、開會場所等之聯絡資料，因為秘書是：
    (A) 管家婆　　　　　　　　　　　(B) 有急事找主管的聯絡窗口
    (C) 主管辦公室守門者　　　　　　(D) 地下主管

46. 情緒管理最重要的技巧是：
    (A) 具慈悲心　　　　　　　　　　(B) 具攻擊心
    (C) 具權威心　　　　　　　　　　(D) 具同理心

47. 秘書如果有情緒問題，最好的作法是：
    (A) 大哭一場　　　　　　　　　　(B) 看心理醫生
    (C) 離開現場一陣子，待心情平靜下來　(D) 找主管理論

48. 與同事相處之道，秘書應該注意避免_____，才能與同事打成一片。
    (A) 真心關切別人　　　　　　　　(B) 欣賞別人長處
    (C) 任意發號施令　　　　　　　　(D) 傳達有技巧

49. 秘書和主管必須及早建立一個團隊，才能真正達到工作的高效率。要建立這樣的團隊必須有：
    (A) 同質性　　　　　　　　　　　(B) 共識
    (C) 共同目標　　　　　　　　　　(D) 合作精神

50. 主管在面試的時候，藉助性向測驗和自傳可以了解秘書很多，但是卻不容易了解面試者的：
    (A) 血型　　　　　　　　　　　　(B) 責任感
    (C) 價值觀念　　　　　　　　　　(D) 個性

51. 顧客在購買時會針對產品價格與品質進行比較後才購買的產品為：
    (A) 便利品　　　　　　　　　　　(B) 選購品
    (C) 特殊品　　　　　　　　　　　(D) 忽略品

52. 消費者不需花費時間和精力找尋相關資訊之產品為：
    (A) 便利品　　　　　　　　　(B) 選購品
    (C) 特殊品　　　　　　　　　(D) 工業品

53. 較低單價及較小包裝的新產品可加速消費者的接受度，所以該新產品能被消費者快速接受的產品特徵為：
    (A) 易感受性　　　　　　　　(B) 相對優點
    (C) 複雜性　　　　　　　　　(D) 可嘗試性

54. 影響產品價格的因素可分為內部因素與外部因素。下列何者不屬於產品訂價的外部因素？
    (A) 市場需求　　　　　　　　(B) 競爭狀況
    (C) 訂價目標　　　　　　　　(D) 通路成員期望

55. 影響產品價格的因素可分為內部因素與外部因素。下列何者不屬於產品訂價的內部因素？
    (A) 顧客反應　　　　　　　　(B) 企業文化
    (C) 企業價值觀　　　　　　　(D) 行銷目標

56. 通路決策不包括：
    (A) 地理訂價政策　　　　　　(B) 配銷通路的類型
    (C) 中間商與合作者的類型　　(D) 實體配銷設施的類型
    (E) 市場暴露渴望的程度

57. 配銷中心是設計用來：
    (A) 長期儲備物資，避免價格提升　　(B) 買低賣高
    (C) 降低存貨轉換　　　　　　(D) 加速物品的流動，且避免不必要的儲存
    (E) 以上皆是

58. 通常我們認為供應商、批發商及顧客夥伴間供同合作以改善整體供應鏈績效，此種行為可以稱為＿＿＿＿。
    (A) 供應鏈　　　　　　　　　(B) 需求鏈
    (C) 配銷通路　　　　　　　　(D) 倉儲公司

(E) 價值傳遞網絡

59. 下列何種促銷手法是需要消費者付出些許代價即可獲得的？
    (A) 折扣券　　　　　　　　　(B) 貨款減退
    (C) 特惠組合　　　　　　　　(D) 贈品
    (E) 摸彩券

60. 消費者會對特定品牌產生特殊的品牌偏好與辨認之產品為：
    (A) 便利品　　　　　　　　　(B) 忽略品
    (C) 特殊品　　　　　　　　　(D) 選購品

61. 可使用競賽、折價券、展示、樣品、展覽等之促銷對象為：
    (A) 中間商　　　　　　　　　(B) 一般消費者
    (C) 公司內員工　　　　　　　(D) 通路商
    (E) 製造商

62. 通常會成為意見領袖，且在產品生命週期較早期階段就採用新產品的消費者為何？
    (A) 創新者　　　　　　　　　(B) 早期採納者
    (C) 早期大眾　　　　　　　　(D) 晚期大眾

63. 影響產品價格的因素，可分為內部因素與外部因素。下列何者屬於產品訂價的內部因素？
    (A) 競爭情勢　　　　　　　　(B) 顧客反應
    (C) 政府法令　　　　　　　　(D) 行銷目標

64. 在銷售促進策略上產品，企業在銷售之產品以不同份量方式包裝者屬於何種促銷？
    (A) 折扣券　　　　　　　　　(B) 貨款減退
    (C) 摸彩券　　　　　　　　　(D) 特惠組合
    (E) 贈品

65. 一般而言，消費者做購買策略時，最信賴下列哪一種管道的資訊？
    (A) 購物網站　　　　　　　　(B) 廣告
    (C) 電視　　　　　　　　　　(D) 親朋好友

(E) Facebook

66. 下列何者是企業發展廣告時最重要的決策？
   (A) 設定廣告目的 (B) 設定廣告預算
   (C) 發展廣告策略 (D) 選擇目標市場
   (E) (A)、(B) 及 (C)

67. 在廣告決策中，下列何者涉及廣告的整體行銷計畫？
   (A) 廣告的目的 (B) 廣告預算
   (C) 廣告顧客群 (D) 廣告標語
   (E) 廣告評估

68. 廣告依據它的主要目的，可以分為訊息通知、說服及：
   (A) 提醒 (B) 解釋
   (C) 完成 (D) 鼓勵
   (E) 信服

69. 行銷人員常依賴暗示來傳達服務的本質與品質，例如：醫生藉由專業的醫學學會證書、飯店藉由星級來顯示其專業的特質，這是屬於克服服務的何種屬性？
   (A) 無形性 (B) 異質性
   (C) 不可分割性 (D) 易逝性

70. 消費者曝露在整個服務過程中，過程中有許多因素會影響消費者的心理與行為，且服務必須在現場即時提供，且顧客對等待缺乏耐心，這是屬於何種服務屬性所衍生的問題？
   (A) 無形性 (B) 異質性
   (C) 不可分割性 (D) 易逝性

71. 供需不平衡帶來的顧客抱怨或企業資源浪費，這是屬於何種服務屬性所衍生的問題？
   (A) 無形性 (B) 異質性
   (C) 不可分割性 (D) 易逝性

72. 許多服務無法保存下來，挪到其它時段使用，造成服務不能回收、退還問題，這是屬於何種服務屬性所衍生的問題？
   (A) 無形性　　　　　　　　　　(B) 異質性
   (C) 不可分割性　　　　　　　　(D) 易逝性

73. 目錄、宣傳冊、樣品和 DVD 都可以使用在哪種類型的行銷方式？
   (A) 直接回應的行銷　　　　　　(B) 郵購
   (C) 數位直銷　　　　　　　　　(D) Kiosk 行銷
   (E) 線上行銷

74. 以下敘述何者不是直銷的顧客資料庫中常見的功能？
   (A) 產生銷售的線索　　　　　　(B) 收集關於競爭對手的情報
   (C) 根據以往的購買習慣分析顧客　(D) 辨識潛在客戶
   (E) 建立長期的顧客關係

75. 所謂直效行銷是指針對何種消費者進行聯繫以培養持久的顧客關係？
   (A) 所有消費者　　　　　　　　(B) 某區隔中之消費者
   (C) 個別消費者　　　　　　　　(D) 某一類別消費者

76. 以下敘述何者不是直效行銷的形式？
   (A) 個人銷售　　　　　　　　　(B) 公共關係
   (C) 電話行銷　　　　　　　　　(D) 郵購
   (E) Kiosk 行銷

77. 下列何者非推廣目標之一？
   (A) 告知　　　　　　　　　　　(B) 提醒
   (C) 處理　　　　　　　　　　　(D) 說服
   (E) 以上皆是

78. 雖然網路盛行，但是有時印刷目錄勝於數位目錄，其原因可能為：
   (A) 有能力提供幾乎無限量的商品　(B) 在製造、印刷和郵寄成本上有效率
   (C) 具侵入性並創造其注意力　　(D) 對顧客的注意較少競爭
   (E) 即時銷售

79. 旅館加強大門門廳的附加裝潢、加強燈光照明與工作人員所穿著制服,是屬於 PZB 所提出的服務品質的五個屬性構面中的＿＿＿＿。

(A) 可靠性　　　　　　　　　(B) 有形性
(C) 反應性　　　　　　　　　(D) 保證性
(E) 關懷性

80. 以下何者是經營電子商務的最重要議題?

(A) 價值　　　　　　　　　　(B) 成本
(C) 服務　　　　　　　　　　(D) 獲利可能性
(E) 價格

第二回答案

1.(C)	2.(B)	3.(B)	4.(A)	5.(A)
6.(D)	7.(B)	8.(A)	9.(A)	10.(C)
11.(A)	12.(A)	13.(B)	14.(C)	15.(D)
16.(B)	17.(C)	18.(A)	19.(A)	20.(B)
21.(C)	22.(C)	23.(B)	24.(D)	25.(A)
26.(B)	27.(D)	28.(D)	29.(A)	30.(D)
31.(D)	32.(C)	33.(C)	34.(C)	35.(D)
36.(C)	37.(D)	38.(A)	39.(D)	40.(C)
41.(D)	42.(B)	43.(A)	44.(D)	45.(B)
46.(D)	47.(C)	48.(C)	49.(A)	50.(A)
51.(B)	52.(A)	53.(D)	54.(C)	55.(A)
56.(A)	57.(D)	58.(E)	59.(D)	60.(C)
61.(B)	62.(B)	63.(D)	64.(D)	65.(D)
66.(E)	67.(A)	68.(A)	69.(A)	70.(C)
71.(D)	72.(D)	73.(B)	74.(B)	75.(C)
76.(B)	77.(C)	78.(C)	79.(B)	80.(D)

第三回

1. 講電話時，大家都知道長話短說，但是往往很難克服，請問當你打電話給客人時，如何減少講太久的困擾？
   - (A) 事先打草稿，以防有所遺漏
   - (B) 打斷客人的講話，以節省時間
   - (C) 直接告訴客人不要講太久
   - (D) 找借口有事趕快掛電話

2. 對方撥錯電話時，應如何處理較為恰當？
   - (A) 直接掛掉
   - (B) 請對方查明後再撥
   - (C) 跟對方聊一下
   - (D) 告知對方打錯了，然後掛斷

3. 「請問你找哪一位」或「請問哪裡找？」的英文，下列何者正確？
   - (A) Who is calling please?
   - (B) Who do you want to look?
   - (C) Who is your key person?
   - (D) Whom do you want to speak to?

4. 下午 4 點鐘，當你接到一通往來銀行打來的電話，告知貴公司的帳戶今天支存短缺 3000 元，請貴公司趕快補足差額，而會計部門的人員恰巧都外出不在，請問你應該如何處理？
   - (A) 寫留言在會計部經辦者桌上即可
   - (B) 把電話轉給主管處理
   - (C) 直接請銀行協助先把 3000 元補足，明天再去補辦手續
   - (D) 自己先掏腰包去銀行把錢給銀行

5. 搭乘電梯時：
   - (A) 先告知客人將前往何處
   - (B) 客人人數眾多必須分二輛電梯時，接待人員應搭乘第一班電梯先前往
   - (C) 抵達樓層時，接待人員先出電梯
   - (D) 進入電梯時男士先行

6. 收到他人的邀請函時：
    (A) 應馬上回覆是否參加
    (B) 應註明參加者的性別
    (C) 特別注意是否有寫明 dress code
    (D) 以上皆是

7. 西餐禮儀的安排，下列何者為誤？
    (A) 男女穿插坐是一種社交場合的安排
    (B) 男士應協助女士將椅子拉開
    (C) 用餐時不忘與鄰座交談，培養社交能力
    (D) 吃不下的食物可以分享給鄰座，才不浪費

8. 行銷管理人員透過行銷活動，來調整因地理距離所造成的供需失調，如此是創造何種行銷的效益？
    (A) 價值效用
    (B) 時間效用
    (C) 空間效用
    (D) 資訊效用

9. 行銷管理人員透過行銷活動，來調整因廠商與目標顧客之間所存在的訊息不對稱，如此是創造何種行銷的效益？
    (A) 價值效用
    (B) 時間效用
    (C) 空間效用
    (D) 資訊效用

10. 韓國 LED 面板廠商是採用何種市場哲學來取得競爭優勢？
    (A) 生產觀念
    (B) 行銷觀念
    (C) 產品觀念
    (D) 社會行銷

11. 下列公司何者非科技因素而淘汰？
    (A) EMI 唱片公司
    (B) Nokia
    (C) 任天堂
    (D) HTC

12. 一個國家的行動電話普及，是屬於總體環境中的哪一個內容？
    (A) 科技
    (B) 政治法律
    (C) 國家消費力
    (D) GDP

13. 波特 (Michael Porter) 提出五力分析的競爭理論是用來協助組織分析：

(A) 個體環境 (B) 整體團體
(C) 區域環境 (D) 以上皆是

14. 當客人給你一張名片時：
    (A) 雙手接受名片 (B) 趕快收起來
    (C) 趕快寫上對方的特徵，以免忘記 (D) 註明日期及地點

15. 下列何者為定性(質化)的研究方法？
    (A) 實驗法 (B) 問卷調查法
    (C) 論述分析 (D) 時間數列分析

16. 下列何者為定量(量化)的研究方法？
    (A) 個案研究 (B) 論述分析
    (C) 問卷調查 (D) 田野調查

17. 顧客關係管理中為了吸引老顧客來採購公司其他的產品，以擴大其對本公司的淨值貢獻，稱為：
    (A) 交叉銷售 (B) 進階銷售
    (C) 顧客銷售 (D) 資料銷售

18. 顧客關係管理中為了在適當時機向顧客促銷更新、更好、更貴的同類產品，稱為：
    (A) 進階銷售 (B) 交叉銷售
    (C) 顧客銷售 (D) 資料銷售

19. 小偉認為 Made in Japan 的電器用品品質好，請問小偉是在表達他的：
    (A) 認知 (B) 信念
    (C) 知覺 (D) 態度

20. 下列何者是依據消費者的欲望與需求，使其可獲得某種心理滿足的市場區隔變數？
    (A) 生活型態 (B) 使用量
    (C) 使用者狀態 (D) 追求的利益

21. 麗麗是位名媛，她認為只有名牌服飾才能襯托出她的身分地位。請問這是受到何種因素的影響？

(A) 自我概念　　　　　　　　　(B) 人格特質
(C) 價值動機　　　　　　　　　(D) 信念態度

22. 有些網路購物的賣家會針對累積購買金額超過特定門檻的網友提供免運費的優待，請問這是何種修正行為方法？
    (A) 正面強化　　　　　　　　　(B) 負面強化
    (C) 贈品行銷　　　　　　　　　(D) 從眾行為

23. 在購買衛生紙時，小美選擇最近的商店，花費較少的時間，也並未考慮品牌差異或進行品牌比較，請問衛生紙這個商品對小美而言是：
    (A) 便利品　　　　　　　　　　(B) 選購品
    (C) 急需品　　　　　　　　　　(D) 機動品

24. 影響組織購買者的經濟因素，包括下列何者？
    (A) 對未來景氣展望　　　　　　(B) 現有需求水準
    (C) 資金取得成本　　　　　　　(D) 以上皆是

25. 對於企業行銷人員而言，下列哪一項影響組織購買因素中，是最難掌握及評估的？
    (A) 環境因素　　　　　　　　　(B) 人際因素
    (C) 組織因素　　　　　　　　　(D) 個人因素

26. 通常組織市場購買決策程序的第一個階段為何？
    (A) 尋找供應商　　　　　　　　(B) 決定產品規格
    (C) 一般需求描述　　　　　　　(D) 問題的確認

27. 中華電信對於深夜用戶有減價的優惠，是針對何種區隔變數所推出的促銷活動？
    (A) 使用時機　　　　　　　　　(B) 使用情境
    (C) 使用者狀態　　　　　　　　(D) 使用頻率

28. 中華電信推出不同的月租費及費率方案，是針對何種區隔變數所推出的促銷活動？
    (A) 使用時機　　　　　　　　　(B) 使用情境
    (C) 使用頻率　　　　　　　　　(D) 使用者狀態

29. 下列何者是依據消費者對產品的購買量和消費量來區隔市場的市場區隔變數？

(A) 生活型態　　　　　　　　(B) 使用頻率
(C) 使用者狀態　　　　　　　(D) 追求的利益

30. 控制開會發言時間是必要的，因此：
    (A) 議程項目越少越好
    (B) 事先依重要性排序及分配時間，主席帶領依序進行討論
    (C) 改用電話討論
    (D) 減少或取消開會次數

31. 遇到高階主管特權人物，開會時話匣子一開就停不了，議程因而打亂，秘書可以：
    (A) 請他閉口　　　　　　　　(B) 請他出去
    (C) 用「按鈴」提示，並道歉　(D) 任由他去

32. 傳統檔案管理作業事項繁多，其中就檔案之內容及形式特徵，依檔案編目規範著錄整理後，製成檔案目錄，稱之為：
    (A) 點收　　　　　　　　　　(B) 立案
    (C) 編目　　　　　　　　　　(D) 保管

33. 傳統檔案管理作業事項繁多，其中將檔案依序整理完竣，以原件裝訂或併採微縮、電子或其他方式儲存後，分置妥善存放，稱之為：
    (A) 點收　　　　　　　　　　(B) 立案
    (C) 編目　　　　　　　　　　(D) 保管

34. 開會通知最好用：
    (A) 電話通知　　　　　　　　(B) Line 通知
    (C) 簡訊通知　　　　　　　　(D) 格式化書面通知

35. 主管的機票、信用卡、護照、簽證等旅行證件，秘書需要複印一份放在辦公室，你認為：
    (A) 無此必要　　　　　　　　(B) 看情形
    (C) 怕主管生氣　　　　　　　(D) 一定要

36. 公文的行款，是指一篇完整的公文所應記載之項目而言，其中行文之對象就是指：

(A) 發文機關　　　　　　　　(B) 受文者
(C) 發文字號　　　　　　　　(D) 署名

37. 公文的速別，如果是普通件則應該：
    (A) 不必填　　　　　　　　(B) 寫「速件」
    (C) 寫「最速件」　　　　　(D) 寫「急件」

38. 公文的受文者是寫在正文之後，並於對方名銜上加＿＿＿＿等字樣。
    (A) 此呈　　　　　　　　　(B) 謹陳
    (C) 右呈　　　　　　　　　(D) 僅呈

39. 管理學界所通稱的八十二十原理，即是：
    (A) 百分之八十加上百分之二十的價值可以得出自百分之百的因子
    (B) 百分之八十的價值是來自百分二十的因子；其餘百分之二十的價值則是來自百分之八十的因子
    (C) 透過百分之八十的努力，終必得到百分之二十的成果
    (D) 透過百分之二十的努力，就一定得到百分之八十的成果。

40. 八十二十原理在生活中隨處可見，例如：百分之八十的銷售額都是由百分之二十的＿＿＿＿而來。
    (A) 顧客　　　　　　　　　(B) 廣告
    (C) 網絡　　　　　　　　　(D) 宣傳

41. 八十二十原理在生活中隨處可見，例如：百分之八十的看報紙時間都花在百分之二十的：
    (A) 版面　　　　　　　　　(B) 廣告
    (C) 網絡　　　　　　　　　(D) 八卦

42. 傳統檔案管理作業事項繁多，其中就檔案的性質及案情，歸入適當類目，並建立簡要案名，稱之為：
    (A) 點收　　　　　　　　　(B) 立案
    (C) 編目　　　　　　　　　(D) 保管

43. 秘書與主管的默契培養，以下何者為非？
    (A) 彼此常溝通
    (B) 向資深同事討教主管的習性
    (C) 請主管吃飯，直接問他
    (D) 花時間了解他的學歷背景、家庭狀況、從血型、星座可以判斷出一些做事風格

44. 秘書與主管的工作關係應建立在：
    (A) 亦師亦友
    (B) 一切聽命於主管
    (C) 家人般
    (D) 互相尊重的關係上

45. 平時擬定一個「主管出差注意事項」之標準作業流程，其中最重要事項是：
    (A) 行李是否打包妥當
    (B) 當地貨幣零用金
    (C) 照相機
    (D) 出國證件、機票、平安保險

46. 面對非理性的客戶，首先要做的事是：
    (A) 耐心傾聽
    (B) 離開現場
    (C) 報警處理
    (D) 請主管親自處理

47. 同事間的相處有賴互相信任及合作，以下何者為非？
    (A) 官階大的一定是對的
    (B) 大家要達成共識
    (C) 團結就是力量
    (D) 互相支援、配合

48. 團隊領導人物必須有一項策略來檢視這個團隊，團隊領導人物不能：
    (A) 劃分任務不明確
    (B) 識才留才
    (C) 以身作則
    (D) 將自己的願景說清楚、講明白

49. 團隊精神就是要表現出＿＿＿＿的工作態度，才能達到雙贏的目的。
    (A) 分化性
    (B) 一致性
    (C) 多元性
    (D) 專業性

50. 美國的一項調查中顯示，78%的主管要求秘書的第一要件乃是：
    (A) 高學歷
    (B) 好溝通
    (C) 有效率
    (D) 可靠性

51. 下列何者是經過基本加工程序，之後也成為製成品一部份的產品：
    (A) 原物料　　　　　　　　　　(B) 營運消耗品
    (C) 輔助設備　　　　　　　　　(D) 資本財

52. 下列何者不屬於工業品種類中的原物料：
    (A) 維護、操作、修理項目 (MRO items)　(B) 鐵礦砂
    (C) 木材　　　　　　　　　　　(D) 小麥、黃豆

53. 鐵釘、油漆、鉛筆及潤滑油屬於：
    (A) 原物料　　　　　　　　　　(B) 零組件
    (C) 輔助設備　　　　　　　　　(D) 耗材

54. 運用少量資源，將少量產品導入市場，以了解市場潛在消費者的反應，這是屬於新產品開發流程哪一步驟？
    (A) 產品開發與測試　　　　　　(B) 試銷
    (C) 發展商業分析　　　　　　　(D) 創意篩選

55. 數位相機不需裝置底片，又可無限次數拍攝，並立即看到效果，所以數位相機能被消費者快速接受的產品特徵為：
    (A) 易感受性　　　　　　　　　(B) 相對優點
    (C) 複雜性　　　　　　　　　　(D) 可嘗試性

56. 廠商在決定產品價格時，必須考慮下列哪些因素？
    (A) 成本　　　　　　　　　　　(B) 需求
    (C) 競爭　　　　　　　　　　　(D) 以上皆是

57. 影響產品價格的因素可分為內部因素與外部因素。下列何者不屬於產品訂價的內部因素？
    (A) 組織與行銷目標　　　　　　(B) 訂價目標
    (C) 競爭情勢　　　　　　　　　(D) 行銷目標

58. 影響產品價格的因素可分為內部因素與外部因素。下列何者不屬於產品訂價的外部因素？

(A) 行銷目標 (B) 通路成員期望
(C) 政府政策改變 (D) 利率變動

59. 從經濟學觀點來看，行銷的角色是將生產者所製造的產品，轉變成_____所想要的產品。
    (A) 零售商 (B) 消費者
    (C) 製造商 (D) 原料供應商
    (E) 躉售商

60. 貨運承攬商 (Freight forwarders) 經常會對運送者收取比運輸公司較低的費率，這是因為：
    (A) 將只會運送給所選擇的地點
    (B) 只處理大量的貨物
    (C) 將許多公司的小量貨品集聚在一起，達成規模經濟後再運輸
    (D) 會保留此產品被運輸到其目的地的決定權
    (E) (A) 與 (C)

61. 特許經營是什麼的好例子
    (A) 垂直整合 (B) 契約式垂直行銷系統
    (C) 以零售商為首的管理型通路 (D) 直接針對買方的通路
    (E) 以上皆非

62. 下列何種促銷方式過於繁瑣，效果缺乏即時性？
    (A) 折扣券 (B) 摸彩券
    (C) 特惠組合 (D) 貨款減退
    (E) 贈品

63. 廣告訴求只有從哪一方面著手的情形下，大多的消費者才會產生反應？
    (A) 公司利益 (B) 世界利益
    (C) 顧客利益 (D) 地區利益
    (E) 通路商利益

64. 利用短期的誘因去刺激產品的購買或銷售或服務，稱作_____。

(A) 廣告 (B) 公共關係
(C) 銷售促進 (D) 人員銷售
(E) 產品開發

65. 用餐時鄰桌顧客的高談闊論、吞雲吐霧，都會影響其他顧客的用餐，造成消費者對服務品質的不滿，這是屬於何種服務屬性所衍生的問題？
    (A) 無形性 (B) 異質性
    (C) 不可分割性 (D) 易逝性

66. 透過網站、電子郵件、線上產品目錄、線上貿易網絡和其他線上資源以接觸新企業顧客，其與何種線上行銷方式最密切相關？
    (A) B2C (B) B2B
    (C) C2C (D) C2B
    (E) B2R

67. 下列哪個產品類別其廣告支出可能佔銷售額之比率為最大？
    (A) 電腦及辦公設備 (B) 商業服務
    (C) 玩具與遊戲用品 (D) 運輸工具與車體
    (E) 啤酒

68. 下列何者是訊息式廣告的目的？
    (A) 改變顧客對品牌價值的知覺 (B) 建立品牌偏好
    (C) 鼓勵顧客轉換品牌 (D) 建議產品新的使用方法
    (E) 使顧客對品牌產生記憶

69. 當市場競爭越來越強，企業通常會使用何種廣告模式以使顧客產生選擇性的需求？
    (A) 提醒式廣告 (B) 訊息性廣告
    (C) POP 促銷 (D) 說服性廣告
    (E) 贊助式廣告

70. 下列何者為直接回應電視行銷的主要兩種形式？
    (A) 家用電視回應和直接回應電視廣告 (B) 家庭購物頻道和電視購物節目
    (C) 家庭銷售和免費電話回應 (D) call-in 和網站回應

(E) 家庭購物頻道和播客

71. 消費者會有不確定感、不易信賴服務業者，以及行銷人員難以傳達服務特色與利益、訂價缺乏有力的依據、難以申請服務專利，這是屬於何種服務屬性所衍生的問題？
    (A) 無形性　　　　　　　　　　(B) 異質性
    (C) 不可分割性　　　　　　　　(D) 易逝性

72. 服務必須在現場即時提供，且顧客對等待缺乏耐心，這是屬於何種服務屬性所衍生的問題？
    (A) 無形性　　　　　　　　　　(B) 異質性
    (C) 不可分割性　　　　　　　　(D) 易逝性

73. 服務結果多樣化、品質不穩定，這是屬於何種服務屬性所衍生的問題？
    (A) 無形性　　　　　　　　　　(B) 異質性
    (C) 不可分割性　　　　　　　　(D) 易逝性

74. 直接回應性的廣告通常會包含或使用何種方式，使它更容易行銷，以評估銷售是否達到目標？
    (A) 可以寄出評論的郵件　　　　(B) 用按鍵來記錄造訪的人數
    (C) 60 或 120 秒長的電視廣告　 (D) 帳號號碼
    (E) 彈出式視窗

75. 以下何者是有接的直接行銷所不可或缺的？
    (A) 線上出席　　　　　　　　　(B) 好的顧客資料庫
    (C) 訓練有素的銷售團隊　　　　(D) 集客式電話行銷
    (E) 數位直銷技術

76. 對企業來說，病毒行銷的主要缺點為：
    (A) 對大多數的企業來說成本太高
    (B) 行銷人員幾乎無法掌控收到病毒訊息的人
    (C) 與病毒訊息相關的品牌通常會被遺忘
    (D) 病毒訊息常冒犯許多潛在顧客

(E) 病毒消息被大多數的搜索引擎阻擋

77. 下列何種電子商務平台，是為了一般消費者提供一個線上交易平台，使賣方可以主動提供商品上網拍賣，而買方可以自行選擇商品進行競價？
    (A) B2B
    (B) B2C
    (C) C2B
    (D) C2C
    (E) O2O

78. 公司要求員工具專業知識、能激發顧客對他們的信心的能力，例如：律師、醫生、金融和保險服務，是屬於 PZB 所提出的服務品質的五個屬性構面中的_____。
    (A) 可靠性
    (B) 有形性
    (C) 反應性
    (D) 保證性
    (E) 關懷性

79. 出現在網站上螢幕變化之間的網路廣告稱之為：
    (A) 插入式廣告
    (B) 彈出式廣告
    (C) 彈下式廣告
    (D) 橫幅廣告

80. 廣告可讓產品熱賣，主要適用於何種產品功能？
    (A) 支援人員銷售
    (B) 改善通路商關係
    (C) 導入新產品
    (D) 擴大產品使用功能

第三回答案

1.(A)	2.(B)	3.(A)	4.(C)	5.(A)
6.(D)	7.(D)	8.(C)	9.(D)	10.(A)
11.(A)	12.(A)	13.(A)	14.(A)	15.(C)
16.(C)	17.(A)	18.(A)	19.(B)	20.(D)
21.(A)	22.(A)	23.(A)	24.(D)	25.(A)
26.(D)	27.(B)	28.(C)	29.(B)	30.(B)
31.(C)	32.(C)	33.(D)	34.(D)	35.(D)
36.(B)	37.(A)	38.(B)	39.(B)	40.(A)
41.(A)	42.(B)	43.(C)	44.(D)	45.(D)
46.(A)	47.(A)	48.(A)	49.(B)	50.(D)
51.(A)	52.(A)	53.(D)	54.(B)	55.(B)
56.(D)	57.(C)	58.(A)	59.(B)	60.(C)
61.(B)	62.(D)	63.(C)	64.(C)	65.(B)
66.(B)	67.(C)	68.(D)	69.(D)	70.(B)
71.(A)	72.(C)	73.(B)	74.(B)	75.(B)
76.(B)	77.(D)	78.(D)	79.(A)	80.(C)

第四回

1. 接電話時，拿起電話筒要先說：
   (A) 打招呼語
   (B) 公司大名
   (C) 自己姓名
   (D) 部門名稱

2. 一場成功的會議，事前周全的準備非常重要，以下哪一項是最重要的？
   (A) 會議休息時間的點心
   (B) 會場的照明
   (C) 會議桌上的整潔
   (D) 所有視聽設備的事前檢查及準備妥當

3. 電話詐騙層出不窮，請問當你接獲電話時，對方告訴你要你去匯款給他時，你會如何處理？
   (A) 到 ATM 匯款
   (B) 打電話 165 求證
   (C) 報警 110
   (D) 罵對方

4. 當你請對方稍等一下，應如何說比較恰當：
   (A) Hold on.
   (B) Wait a moment.
   (C) Hold the line, please. I'll get Mary Lee to the phone.
   (D) Just a moment.

5. 接待二位客人時，我們應站在：
   (A) 客人的最左側
   (B) 站在二位客人之間
   (C) 客人的最右側
   (D) 客人的後面

6. 下列哪一個不屬於市場哲學？
   (A) 生產觀念
   (B) 行銷觀念
   (C) 財務觀念
   (D) 社會行銷

7. 近年來政府大力推動綠色觀光的概念,是何種行銷觀念下的產物?
   (A) 生產觀念
   (B) 行銷觀念
   (C) 產品觀念
   (D) 社會行銷

8. 在常見的五種市場哲學觀念中,認為最能盡低成本的方法便是透過大量生產來發揮規模經濟,是屬於何種市場哲學?
   (A) 生產觀念
   (B) 產品觀念
   (C) 財務觀念
   (D) 銷售觀念

9. 下列哪一個不是總體經濟環境的主要成員?
   (A) 自然
   (B) 科技
   (C) 公會
   (D) 社會

10. ＿＿＿＿＿＿＿係指協助組織尋找顧客或銷售商品之公司。
    (A) 供應商
    (B) 中間商
    (C) 實體運配機構
    (D) 製造商

11. 接待二位貴賓時,職位最大者應站在:
    (A) 最右側
    (B) 最左側
    (C) 最中間
    (D) 最前面

12. 有一天,你帶男朋友回家見父母親,請問你應該怎樣介紹彼此認識?
    (A) 爸、媽,跟你們介紹這位是王大年先生,任職於 3M 公司業務部組長,是我的男朋友
    (B) 大年,跟你介紹,這是我爸、我媽
    (C) 來來來,先介紹我爸媽給你認識
    (D) 這是我爸、我媽

13. 下列何者主要是測試明確因果關係之方法,例如賣場的佈置會影響消費者之購物意願?
    (A) 觀察法
    (B) 實驗法
    (C) 訪談法
    (D) 調查法

14. 手機業者欲了解為何消費者會選擇其公司的新產品的理由，宜採取以下何種方法較佳？
    (A) 觀察法
    (B) 實驗法
    (C) 訪談法
    (D) 調查法

15. 下列何者不是隨機抽樣方式？
    (A) 配額抽樣
    (B) 分層抽樣
    (C) 區域抽樣
    (D) 系統抽樣

16. ＿＿＿＿＿＿＿係指協助製造商儲存與運送產品的機構。
    (A) 供應商
    (B) 中間商
    (C) 實體運配機構
    (D) 製造商

17. 下列何者不是定量研究方法？
    (A) 深入訪談法
    (B) 實驗研究法
    (C) 調查研究法
    (D) 封閉式問卷

18. 對於企業市場而言，下列何者是可用的市場區隔變數？
    (A) 企業理念
    (B) 氣候
    (C) 買賣雙方距離
    (D) 採購的用途

19. 消費者進行選擇、組織與解釋資訊，給予形成有意義圖像的過程，被稱做：
    (A) 認知
    (B) 信念
    (C) 知覺
    (D) 動機

20. 若消費者認為「我喜歡看購物頻道」，這是一種：
    (A) 認知
    (B) 信念
    (C) 知覺
    (D) 態度

21. 從製造商所取得之商品，再行轉賣的組織市場型態稱為：
    (A) 企業市場
    (B) 中間商市場
    (C) 政府市場
    (D) 機構市場

22. 整份簡報內容，除隨身碟外，秘書需要幫主管備份紙本及光碟隨身攜帶，因為：

(A) 在家裡要看 　　　　　　　　　(B) 他去機場途中要看
(C) 在候機室要看 　　　　　　　　(D) 在機上要看

23. 量販店的大潤發、家樂福、愛買屬於何種組織市場型態？
    (A) 企業市場 　　　　　　　　　(B) 中間商市場
    (C) 政府市場 　　　　　　　　　(D) 機構市場

24. 化妝品、服飾與雜誌等產品或服務，最常以何種變數來區隔市場？
    (A) 性別 　　　　　　　　　　　(B) 所得
    (C) 年齡 　　　　　　　　　　　(D) 人格

25. 對於企業市場而言，下列何者不是可用的市場區隔變數？
    (A) 顧客的營運特性 　　　　　　(B) 公司規模
    (C) 企業理念 　　　　　　　　　(D) 採購的用途

26. 當某些刺激或訊息會因為自身的論點相符合而特別記得清楚，這種現象叫做：
    (A) 選擇性展露 (selective exposure) 　　(B) 選擇性注意 (selective attention)
    (C) 選擇性扭曲 (selective distortion) 　　(D) 選擇性記憶 (selective retention)

27. 視訊會議最大的優點是：
    (A) 表示公司很先進
    (B) 主管不必出國，運用科技進行遠距會議
    (C) 可以讓對方透過視訊認識我們
    (D) 新奇、有親切感

28. 握手時：
    (A) 地位高者可以先伸手 　　　　(B) 女士先伸手
    (C) 年長者先伸手 　　　　　　　(D) 以上皆是

29. 單槍投影機架設的最佳位置是：
    (A) 會議桌上 　　　　　　　　　(B) 打字機活動桌上
    (C) 離主席位很近的桌上 　　　　(D) 固定於天花板上，面朝螢幕

30. 下列何者不是用以區隔市場的行為變數？

(A) 使用時機 　　　　　　　　(B) 對產品的態度
(C) 生活型態 　　　　　　　　(D) 使用情境

31. 公文的保密等級中，最高級別應該是：
    (A) 絕對機密 　　　　　　　(B) 極機密
    (C) 機密 　　　　　　　　　(D) 密

32. 公文的日期及字號，依法應該用：
    (A) 西曆 　　　　　　　　　(B) 國曆
    (C) 西曆或國曆皆可 　　　　(D) 以公司往例為標準

33. 消費者針對某一特定的對象，對所學習到的一種持續性反應傾向的過程，被稱做：
    (A) 認知 　　　　　　　　　(B) 信念
    (C) 知覺 　　　　　　　　　(D) 態度

34. 公文寫作一般會有幾種擬辦方式，但是不包含：
    (A) 先簽後稿 　　　　　　　(B) 以稿代簽
    (C) 先稿後簽 　　　　　　　(D) 簽稿並陳

35. 任何事情的處理，都要找出關鍵，也就是何者為二十。秘書也要避免錯誤的迷思，凡事要以_____事情先下手。
    (A) 簡單的 　　　　　　　　(B) 困難的
    (C) 手邊的 　　　　　　　　(D) 緊急的

36. 面對多項工作而難於取捨時，最好謹守八十二十原理，但是要記得下面有一個是錯誤的：
    (A) 百分之二十的時間→產生→百分之八十的成效
    (B) 把精力投入重要的百分之二十
    (C) 百分之八十的時間→產生→百分之二十的成效
    (D) 把精力投入次要的百分之八十

37. 下列何者是指在新產品發展過程中，從製造廠商的角度提供市場一種新產品的構想？

(A) 產品創意 (B) 產品意象
(C) 產品概念 (D) 產品雛型

38. 面對非理性同事的爭執，秘書應該：
    (A) 作和事佬 (B) 偏向較資深的同仁
    (C) 偏向新人 (D) 保持公正無私的立場

39. 消費者難以維持對服務業者的信心，以及業者面對「一粒老鼠屎壞了一鍋粥」效應，這是屬於何種服務屬性所衍生的問題？
    (A) 無形性 (B) 異質性
    (C) 不可分割性 (D) 易逝性

40. 機關內或機關間因業務需要，提出檔案借調或調用申請，由檔案管理人員依權責長官之核定，檢取檔案提供參閱，稱之為：
    (A) 檢調 (B) 立案
    (C) 編目 (D) 保管

41. 依檔案目錄逐案核對，將逾保存年限之檔案或已屆移轉年限之永久保存檔案，分別辦理銷毀或移轉，或為其他必要之處理，稱之為：
    (A) 檢調 (B) 立案
    (C) 編目 (D) 清理

42. 下列何者不是「組織市場」的特色？
    (A) 購買者數目較少 (B) 購買者集中
    (C) 購買頻率次數多 (D) 購買量較大

43. 大部份主管都期許秘書能夠在適當的時機建言，建言的意思是：
    (A) 打小報告 (B) 爆料
    (C) 提醒或建設性的見解 (D) 主管喜歡聽的話

44. 八十二十原理在生活中隨處可見，但下列哪一個例子顯然是錯的？
    (A) 百分之八十的意見都是由百分之二十的人所發表
    (B) 百分之八十的看電視時間都是在看百分之二十的節目

(C) 百分之二十的考題都是出自百分之八十的課文

(D) 百分之八十的檔案使用量集中於其中的百分之二十

45. 有些主管習慣將私事全交由秘書來完成，秘書應有的態度是：
(A) 埋怨主管公私不分
(B) 配合主管、協助主管是秘書的基本工作，甘之如飴
(C) 要求額外加薪
(D) 主管不尊重我，把我當小妹使用

46. 主管帶出國的簡報，秘書必須花許多時間協助製作。簡報的主要考量是：
(A) 頁數越多表示越專業
(B) 頁數越少越好
(C) 最好加上大量動畫及色彩
(D) 在簡報發表限定時間內決定適當的頁數，多用易懂圖表勝過長篇敘述

47. 面對客戶抱怨，秘書的應對：
(A) 自己作主，獨立解決問題
(B) 推給主管處理
(C) 告訴對方會盡力協助早點解決
(D) 刻意隱瞞

48. 團隊的成敗需要正確的評估與績效的考核，下列哪一項不是評估的原因？
(A) 淘汰員工
(B) 想辦法激勵員工
(C) 發給績效獎金
(D) 確認是否有所改進

49. 當一位主管任用秘書時，通常不會考慮下列哪一點因素？
(A) 個性的搭配
(B) 家世背景
(C) 共同的價值感
(D) 相互的了解、尊重和溝通

50. ＿＿＿＿＿＿＿指一群相關的產品，具有相似的功能，或是相同製造程序，或是賣給同一區隔顧客。
(A) 產品項目
(B) 產品線
(C) 產品組合
(D) 產品一致性

51. 代表產品品質的兩個構面為：

(A) 功能與耐用性 (B) 式樣與設計
(C) 創新與外觀 (D) 一致性與水準

52. 秘書必須擁有高超的＿＿＿＿＿＿＿與良好的溝通能力，才能受到大家的信任與尊重。
    (A) 口語表達技巧 (B) 卓越的演藝技巧
    (C) 令人激賞的社交能力 (D) 左右逢源的人脈關係

53. 企業結合相關生產、設計、行銷事業單位人員，進行產品的實際開發，這是屬於新產品開發流程哪一步驟？
    (A) 產品開發與測試 (B) 建立新產品策略
    (C) 發展商業分析 (D) 創意篩選

54. 以下五個主要的促銷工具中，何者可以建立公司正面的形象，並且可以處理不良的公司事件？
    (A) 廣告 (B) 公共關係
    (C) 銷售促進 (D) 人員銷售
    (E) 直效行銷

55. 下列何者最可能先採用一個新的產品？
    (A) 早期採用者 (B) 創新者
    (C) 晚期大眾 (D) 早期大眾
    (E) 落後者

56. 下列何者是企業為了獲取高銷售量和市場佔有率，為其訂價目標？
    (A) 維持現況導向 (B) 銷售導向
    (C) 目標回收 (D) 利潤導向

57. 廠商設定目標盈餘或目標投資報酬率為訂價目標者稱為：
    (A) 維持現況導向 (B) 銷售導向
    (C) 目標回收 (D) 利潤導向

58. 大部分公司都喜歡在長假前或假期中(如農曆新年)播出大量廣告，請問何種廣告因子決定了此廣告排程？

(A) 媒體機制 　　　　　　　　　(B) 廣告連續性
(C) 視聽眾品質 　　　　　　　　(D) 與視聽眾有約
(E) 媒體時機

59. 廠商以高產品品質或優越服務，以維持其高品質形象為訂價目標者稱為：
    (A) 維持現況導向 　　　　　　(B) 銷售導向
    (C) 品質領導導向 　　　　　　(D) 利潤導向

60. 在下列哪一種情況下，較不需要大量的廣告？
    (A) 當產品處於成熟期 　　　　(B) 想提高市場佔有率
    (C) 新產品的推出 　　　　　　(D) 當品牌的同質性高
    (E) 當產品競爭變強

61. 下列何者代表一個名稱、專門用語、標誌或設計，或前述各項的組合，用以辨認銷售者的產品或服務，與競爭者有所差異化？
    (A) 品牌 　　　　　　　　　　(B) 服務
    (C) 產品 　　　　　　　　　　(D) 通路

62. 下列哪一項是最不恰當的廣告目標？
    (A) 提升顧客信譽以促進產品銷售 　(B) 今年要增加 20% 的業績
    (C) 今年提高 50% 品牌知名度 　　(D) 提高 10% 市場份額
    (E) 在奧克蘭海灣地區獲得 20 個新的客戶

63. 企業若欲建立形象，亦可在記者會或股東大會採取何種方式進行？
    (A) 事件贊助 　　　　　　　　(B) 製造新聞議題
    (C) 發行與發放出版物 　　　　(D) 危機處理

64. Amazon、eBay 及 PChome 使用何種方式進行交易？
    (A) 大量行銷 　　　　　　　　(B) 促銷活動
    (C) 直效行銷 　　　　　　　　(D) 公共關係
    (E) 個人行銷

65. 選用、訓練管理與獎勵服務人員，這是屬於克服服務的何種屬性？

(A) 無形性 (B) 異質性
(C) 不可分割性 (D) 易逝性

66. 要求服務標準化、自動化，這是屬於克服服務的何種屬性？
    (A) 無形性 (B) 異質性
    (C) 不可分割性 (D) 易逝性

67. 將兩個或兩個以上的品牌一起出現在產品或產品的包裝上，稱為何種品牌策略？
    (A) 授權品牌 (B) 混合品牌
    (C) 品牌延伸 (D) 共同品牌

68. 下列何者是以文字為基礎連結搜索引擎一同出現的線上廣告？
    (A) 內容贊助 (B) 提醒廣告
    (C) 訊息廣告 (D) 上下文廣告
    (E) 多媒體廣告

69. 服務不能回收、退還，以及供需不平衡帶來的顧客抱怨或企業資源浪費，這是屬於何種服務屬性所衍生的問題？
    (A) 無形性 (B) 異質性
    (C) 不可分割性 (D) 易逝性

70. 淘寶網和 eBay 是受歡迎的網站，因為其便於產品和資訊在線上交易，且是以下何者線上行銷的範例？
    (A) B2C (B) B2B
    (C) C2C (D) C2B
    (E) O2O

71. 一般在網站上結合動畫、影片、聲音和互動性線上廣告被稱為：
    (A) 搜尋相關廣告 (B) 彈出式視窗
    (C) 內容相關廣告 (D) 病毒廣告
    (E) 互動式多媒體廣告

72. 對購物者而言，網路購物較不具備下列哪一項特性？

(A) 方便 (B) 不必找車位
(C) 不需配合店家的營業時間 (D) 安全
(E) 隱私

73. 製造商進行廣告則有助於加強何種效能？
    (A) 支援人員銷售 (B) 改善通路商關係
    (C) 導入新產品 (D) 對抗競爭

74. 「推式」(Push) 推廣策略之最終指向為：
    (A) 生產者 (B) 零售商
    (C) 批發商 (D) 消費者
    (E) 以上皆非

75. 為維護檔案安全及完整，避免檔案受損、變質、消滅、失竊等，而採行之防護及對已受損檔案進行之修護，稱之為：
    (A) 檢調 (B) 安全維護
    (C) 編目 (D) 清理

76. 王品集團要求服務人員樂意幫助顧客，且提供迅速的服務給顧客，是屬於 PZB 所提出的服務品質的五個屬性構面中的_____。
    (A) 可靠性 (B) 有形性
    (C) 反應性 (D) 保證性
    (E) 關懷性

77. 以下哪一項是一個 30 分鐘的電視廣告節目行銷單一產品最準確的名稱？
    (A) 電視購物 (B) 直接回應電視廣告
    (C) 整合行銷 (D) 直接回應廣告
    (E) 家庭購物頻道

78. 有時_____可能會大大的限制企業在海外市場的產品配銷。
    (A) 競爭對手或合作夥伴 (B) 競爭對手或銷售商
    (C) 政府或海關 (D) 顧客或員工
    (E) 競爭對手或顧客

79. P&G 在洗髮精的市場中推出了飛柔、潘婷、沙宣、海倫仙度絲等品牌，是採用何種品牌策略？
    (A) 新品牌
    (B) 品牌延伸
    (C) 多重品牌
    (D) 產品線延伸

80. 當你要打電話給三個人：(1) 一個是經常不在，(2) 一個是偶爾在，(3) 一個是一定在。請問打電話的順序應為：
    (A) (3)(2)(1)
    (B) (1)(2)(3)
    (C) (2)(1)(3)
    (D) (1)(3)(2)

第四回答案

1.(A)	2.(D)	3.(B)	4.(C)	5.(A)
6.(C)	7.(D)	8.(A)	9.(C)	10.(B)
11.(C)	12.(A)	13.(B)	14.(C)	15.(A)
16.(C)	17.(A)	18.(D)	19.(C)	20.(D)
21.(B)	22.(D)	23.(B)	24.(A)	25.(C)
26.(D)	27.(B)	28.(D)	29.(D)	30.(C)
31.(A)	32.(B)	33.(D)	34.(C)	35.(B)
36.(D)	37.(A)	38.(D)	39.(B)	40.(A)
41.(D)	42.(C)	43.(C)	44.(C)	45.(B)
46.(D)	47.(C)	48.(A)	49.(B)	50.(B)
51.(D)	52.(A)	53.(A)	54.(B)	55.(B)
56.(B)	57.(D)	58.(E)	59.(C)	60.(A)
61.(A)	62.(A)	63.(C)	64.(C)	65.(B)
66.(B)	67.(D)	68.(D)	69.(D)	70.(C)
71.(E)	72.(E)	73.(B)	74.(D)	75.(B)
76.(C)	77.(A)	78.(C)	79.(C)	80.(B)

第五回

1. 轉接電話時，應如何處理最完善？
   (A) 直接轉給客人指定的分機號碼後，就掛掉
   (B) 轉給指定的分機時，直到對方接起電話，經確認無誤時，才掛掉電話
   (C) 直接喊大聲一點，大家都聽清楚了
   (D) 當事人不在時，直接轉到語音信箱

2. 當對方要留話，卻沒有告訴你名字時，你應該說什麼？
   (A) May I ask who is calling? (B) May I leave your name?
   (C) What's your name? (D) Who you are?

3. 當你不知道對方姓名，可是希望轉接到相關部門的時候，下列哪個說法不正確？
   (A) Could I have the person who handles U.S. accounts?
   (B) Can you connect me with the person who is in charge of U.S. accounts?
   (C) Could I have the person who is responsible for your wine promotion?
   (D) Could I talk with the person who takes care of wine promotion?

4. 一張完整的留言條，應包括哪些內容？
   (A) date and time (B) phone no.
   (C) company and message (D) all above

5. 擁抱禮於男士間或女士間行禮，下列何者為誤？
   (A) 伸開雙手，右手交伸，搭在對方的左肩上方
   (B) 左手向對方右脅往背後輕輕環抱，並輕輕拍對方的背
   (C) 片刻後分開復位
   (D) 此禮表示重逢的喜悅與親切，或離別時的珍重

6. 理想的坐姿，下列何者有誤？

(A) 不論男女，兩腿皆應併攏　　　　(B) 兩手可以輕放在椅子扶手上
(C) 入坐椅子 1/3，勿躺椅背上　　　(D) 女士提包應置於座位後方

7. 主人開 5 人座小轎車時，其座位大小何者為誤？
   (A) 駕駛座旁邊的副駕駛座為最大　(B) 駕駛座後右側次之
   (C) 駕駛座旁邊的副駕駛座為最小　(D) 駕駛座正後方為第三順位

8. 茶點招待客人時，以下何者為誤？
   (A) 最好用免洗紙杯，比較衛生　　(B) 最好用瓷器的杯子，有蓋子更好
   (C) 所有茶點均以托盤襯底再奉上　(D) 附有點心食品時，必須提供紙巾備用

9. 在大賣場中，消費者可以很方便就買到多項產品，如此是創造何種行銷的效益？
   (A) 價值效用　　　　　　　　　　(B) 時間效用
   (C) 形式效用　　　　　　　　　　(D) 組合效用

10. 行銷管理人員透過行銷活動，來調整因生產與消費時機的所造成的供需失調，如此是創造何種行銷的效益？
    (A) 價值效用　　　　　　　　　　(B) 時間效用
    (C) 形式效用　　　　　　　　　　(D) 組合效用

11. ＿＿＿＿＿是員工所組成，其目的是為了爭取勞方的權益而進行勞資協商。
    (A) 商會　　　　　　　　　　　　(B) 利益團體
    (C) 工會　　　　　　　　　　　　(D) 股東

12. ＿＿＿＿＿是公司的出資人。
    (A) 商會　　　　　　　　　　　　(B) 利益團體
    (C) 董事會　　　　　　　　　　　(D) 股東

13. 管理學之父是：
    (A) 菲力普‧科特勒 (Philip Kotler)　(B) 彼得‧杜拉克 (Peter Drucker)
    (C) 邁克‧波特 (Michael Porter)　　(D) 約翰‧洛克菲勒 (John Rockefeller)

14. 一般而言，研究者在進行研究前會先尋找下列何種資料？
    (A) 初級資料　　　　　　　　　　(B) 次級資料

(C) 質化資料 　　　　　　　　　　　(D) 量化資料

15. 以下何種理論是建立企業與顧客間的資訊系統，過程是著重於對於個別顧客詳細資料的管理，以期提高顧客滿意度？
    (A) 顧客剖面管理　　　　　　　　(B) 顧客滿意管理
    (C) 顧客標竿管理　　　　　　　　(D) 顧客關係管理

16. 下列何者不是顧客關係管理所用的資訊科技工具？
    (A) POS (Point of Sale)　　　　　　(B) SCM (Supply Chain Management)
    (C) Computer telephony integration center　(D) ERP (Enterprise Resource Plan)

17. 以下哪一個方法是透過消費者的行為或意見來瞭解消費者本身對產品或產品的相關的問題？
    (A) 層級分析法　　　　　　　　　(B) 修正式德菲法
    (C) 資料庫管理　　　　　　　　　(D) 焦點團體訪談法

18. 小明原先想嘗試購買最近新上市的飲品，然而，他的同學說這種飲料不好喝，所以小明決定不購買，這是產生以下何種學習效果？
    (A) 經驗式學習　　　　　　　　　(B) 觀念式學習
    (C) 類化式學習　　　　　　　　　(D) 區別式學習

19. 美美因為喜歡香奈兒品牌的手提包，所以進而喜歡香奈兒的香水、服飾，這是產生以下何種學習效果？
    (A) 經驗式學習　　　　　　　　　(B) 觀念式學習
    (C) 類化式學習　　　　　　　　　(D) 區別式學習

20. 廣告的背景常使用非常動聽的音樂，希望吸引消費者留意這廣告，這種現象是因為：
    (A) 選擇性注意　　　　　　　　　(B) 選擇性扭曲
    (C) 選擇性保留　　　　　　　　　(D) 選擇性解讀

21. 三菱汽車 RV 系列中的廣告，訴求「家庭」、「溫情」與「親情」，請問這是試圖連結哪一種需要？

(A) 生理需要 (B) 安全需要
(C) 社會需要 (D) 尊重需要

22. 負責控制資訊流入與流出的人，是組織購買者的何種角色？
    (A) 發起者 (B) 把關者
    (C) 使用者 (D) 購買者

23. 下列何者不是影響組織購買決策過程的因素？
    (A) 環境因素 (B) 組織因素
    (C) 人際因素 (D) 心理因素

24. 下列何者不是影響組織購買決策過程中的組織因素？
    (A) 購買風格 (B) 企業購買政策
    (C) 企業技術水準 (D) 購買中心成員

25. 下列何種市場區隔變數最能有效預測消費者決策與行為上的差異？
    (A) 地理變數 (B) 行為變數
    (C) 心理變數 (D) 人口統計變數

26. 下列何者不是用以區隔市場的人口統計變數？
    (A) 家庭生命週期 (B) 教育程度
    (C) 個人生活型態 (D) 所得水準

27. 下列何種市場區隔變數可依城市大小、人口密度、都市化程度和氣候等做為區隔的變數？
    (A) 地理變數 (B) 行為變數
    (C) 心理變數 (D) 人口統計變數

28. 下列何者不是用以區隔市場的心理變數？
    (A) 人格特質 (B) 社會階層
    (C) 個人生活型態 (D) 使用情境

29. 會議的功能很多，以下何者是錯誤的？
    (A) 解決問題 (B) 交談聯誼

(C) 腦力激盪 (D) 推銷觀念

30. 內部會議開會前半小時，秘書必須做的事是：
    (A) 準備茶水及訂便當
    (B) 打理自己的服裝儀容
    (C) 打電話提醒所有與會者，並在會議室門口迎接
    (D) 開會是常態事件不必提醒，大家都會準時出現

31. 會議室裡最需要放置的一項設備是：
    (A) 飲水機 (B) 電話
    (C) 厚重不透光的窗簾 (D) 牆上掛一個準時的鐘

32. 秘書掌管的收發作業，除了登記以外，還要跟催和注意時效，其中文件簽辦是指：
    (A) 繕印、校對、用印、發文 (B) 擬稿、會稿、核閱
    (C) 收文、提陳、分文 (D) 擬辦、會簽、陳核、批示

33. 英文書信的信頭，通常叫做：
    (A) Letter Head (B) Letter Body
    (C) Subject (D) Head Letter

34. 英文書信的發信日期，寫法有很多種，下面哪一種是錯的？
    (A) 3/4/14 (B) 3, 4, 2014
    (C) 2014/3/4 (D) 4-Mar-14

35. 所謂時間管理的優先順序，未來管理是屬於：
    (A) 第四優先 (B) 第三優先
    (C) 第二優先 (D) 第一優先

36. 檔案管理單位或人員將辦畢歸檔之案件，予以清點受領，稱之為：
    (A) 點收 (B) 立案
    (C) 編目 (D) 保管

37. 檔案管理的範圍，並不包括：
    (A) 各種命令及手令 (B) 計劃方案與法規

(C) 收發文稿及附件　　　　　　　　(D) 私人照片與影片

38. 主管日理萬機，秘書如對交辦的工作有疑惑而需要主管澄清，最適當的方法是將問題簡短寫成：
    (A) 問答題　　　　　　　　　　　(B) 申論題
    (C) 選擇題　　　　　　　　　　　(D) 用假設即可，不用問了

39. 不小心犯錯被主管責備，秘書最恰當的態度是：
    (A) 不認錯　　　　　　　　　　　(B) 離職
    (C) 承認錯誤，並保證不會再犯　　(D) 不甘心的認錯

40. 出差相關資料包括簡報，最妥當的處理方式是：
    (A) 先 email 一份至當地住宿飯店之商務中心請代收
    (B) 放入行李箱中
    (C) 主管隨身攜帶
    (D) 一份放行李箱，一份請主管隨身攜帶

41. 如果主管出差超過一個禮拜，辦公室的工作由誰來負責：
    (A) 秘書兼代「地下主管」　　　　(B) 辦公室暫停運作，等主管回來
    (C) 主管指派並授權「職務代理人」(D) 秘書隨時與主管聯繫

42. 下列哪一家企業成功運用生產觀念？
    (A) 小米　　　　　　　　　　　　(B) 華碩
    (C) 鴻海　　　　　　　　　　　　(D) HTC

43. 遇到客戶抱怨，語氣不佳時，以下何者不是秘書應該做的事？
    (A) 參與情緒性的意見　　　　　　(B) 儘量傾聽及安撫
    (C) 告訴對方你會如何處理，並信守諾言　(D) 儘快稟報主管

44. 面對主管非理性的情緒，秘書需要：
    (A) 忍耐　　　　　　　　　　　　(B) 切忌正面頂撞
    (C) 原諒他，忘記它　　　　　　　(D) 以上皆要

45. 專業的秘書一定要懂得推敲主管的心態，立即抓住主管處事原則的方向，必須

_____，才能迅速拉近與主管之間的距離。
(A) 鞠躬作揖
(B) 經常詢問
(C) 主動配合
(D) 等候命令

46. 秘書應該常常充實自己對各產業的認識，吸收新知，培養廣泛興趣，讓自己成為一個_____幕僚，不論遇到哪一類型的主管，都能輕鬆以對。
(A) 服務型
(B) 結果型
(C) 顧問型
(D) 專業型

47. 大部分主管心中提出心目中所認定的_____，並不是幕僚的四種效用。
(A) 監察
(B) 顧問
(C) 領導
(D) 控制

48. 品牌通常是符號或設計之圖案，不能發聲的部份稱為：
(A) 品標
(B) 品名
(C) 品牌權益
(D) 商標

49. _____指從消費者的觀點出發，將產品創意由消費者利益的角度，藉以定義產品形態與產品特性？
(A) 產品創意
(B) 產品意象
(C) 產品概念
(D) 產品雛型

50. 廠商通常不採取價格競爭，而以促銷等要素來吸引顧客為訂價目標者稱為：
(A) 維持現況導向
(B) 銷售導向
(C) 非經濟性導向
(D) 利潤導向

51. 在下列何種訂價目標下，廠商通常會將產品的價格訂得比較高？
(A) 維持現況導向
(B) 銷售導向
(C) 品質領導導向
(D) 利潤導向

52. 如果公司不想處理工廠備料之裝卸、重裝、運輸、報關及追蹤物料等工作，以及不想處理產品運送給顧客之工作時，可以運用_____。
(A) 直效行銷通路
(B) 水平行銷通路

(C) 公司垂直整合行銷體系 (D) 第三方物流通路
(E) 加盟組織系統

53. 辦公用品廠商開了網路商店，因此與其他經銷商彼此對立，這是處於_____衝突。
    (A) 垂直通路 (B) 傳統通路
    (C) 運籌系統 (D) 中間商
    (E) 水平通路

54. 何種類型的垂直行銷系統 (VMS) 使組織對生產和經銷其產品有更大的控制力？
    (A) 所有權式 (B) 契約式
    (C) 傳統式 (D) 水平式
    (E) 管理式

55. 所謂時間管理的優先順序，危機管理是屬於：
    (A) 第四優先 (B) 第三優先
    (C) 第二優先 (D) 第一優先

56. 美國最著名之 Wal-Mart、Kmart、Target 屬於何種零售店？
    (A) 百貨公司 (B) 專賣店
    (C) 倉庫型賣場 (D) 折扣商店

57. 在大型賣場或量販店中，常常有品牌商進行產品示範或在現場煮食食品、實地示範清潔器具，此為何種促銷方式？
    (A) 銷售點促銷 (B) 贈品
    (C) 抽獎 (D) 特惠組合
    (E) 公共關係

58. 一般而言，在什麼情況下人員銷售比廣告或促銷更重要？
    (A) 標準化產品 (B) 消費者為數眾多
    (C) 產品複雜度高 (D) 產品價值低
    (E) 產品易腐壞

59. 在顧客眼中，好的銷售人員必須具備的特質包括同情心、誠實、可靠、審慎、全程

參與以及何者？
(A) 好的報告　　　　　　　　(B) 聆聽
(C) 同情　　　　　　　　　　(D) 關懷
(E) 坦率

60. 競爭者往往都有自己的各種營運目標，企業想要知道競爭者的各種營運目標之權重，其必須瞭解下列事項，除了什麼之外？
(A) 目前獲利　　　　　　　　(B) 公司歷史
(C) 市場份額成長率　　　　　(D) 現金流量
(E) 技術與服務領導力

61. 協助消費者參與，讓消費者了解正確的服務流程與恰當的行為，這是屬於克服服務的何種屬性？
(A) 無形性　　　　　　　　　(B) 異質性
(C) 不可分割性　　　　　　　(D) 易逝性

62. 注重服務效率以避免延誤，以及賦予員工在第一線處理突發狀況的權力，以減少發生延誤的機率和解決問題，這是屬於克服服務的何種屬性？
(A) 無形性　　　　　　　　　(B) 異質性
(C) 不可分割性　　　　　　　(D) 易逝性

63. 平衡供給與需求，這是屬於克服服務的何種屬性？
(A) 無形性　　　　　　　　　(B) 異質性
(C) 不可分割性　　　　　　　(D) 易逝性

64. 難以傳達服務特色與利益、訂價缺乏有力的依據、難以申請服務專利，這是屬於何種服務屬性所衍生的問題？
(A) 無形性　　　　　　　　　(B) 異質性
(C) 不可分割性　　　　　　　(D) 易逝性

65. 下列何者不是品牌所包含的要素？
(A) 標誌　　　　　　　　　　(B) 符號
(C) 名稱　　　　　　　　　　(D) 服務

66. 某些未經請求和垃圾廣告電子郵件被稱為：
    (A) 網路釣魚　　　　　　　　　(B) 電子零售
    (C) 顯示廣告　　　　　　　　　(D) 病毒的電子郵件
    (E) 垃圾郵件

67. 以下敘述何者不是對直效行銷顧客有利的項目？
    (A) 可接近許多產品　　　　　　(B) 可以獲得產品評價
    (C) 一定是低價格　　　　　　　(D) 便利
    (E) 隱私

68. 一般而言，直效行銷越來越仰賴：
    (A) 電視　　　　　　　　　　　(B) 郵件
    (C) 網路　　　　　　　　　　　(D) 電話
    (E) 收音機

69. 以下何族群的採用者大都是意見領袖，且跟銷售人員的互動最多？
    (A) 晚期大眾　　　　　　　　　(B) 早期大眾
    (C) 落後者　　　　　　　　　　(D) 早期採用者
    (E) 創新者

70. 下列哪一個不是公司推廣組合中主要的類別？
    (A) 廣告　　　　　　　　　　　(B) 公共關係
    (C) 策略性定位　　　　　　　　(D) 人員銷售
    (E) 直效行銷

71. 產品創意產生後，必須經過嚴格的生產和行銷標準過濾，以避免採用與摒棄的錯誤，這是屬於新產品開發流程哪一步驟？
    (A) 發展商業分析　　　　　　　(B) 建立新產品策略
    (C) 概念測試　　　　　　　　　(D) 創意篩選

72. 所謂時間管理的優先順序，經常性事務是屬：
    (A) 第四優先　　　　　　　　　(B) 第三優先
    (C) 第二優先　　　　　　　　　(D) 第一優先

73. 產品組合構面不包括下列何者？
    (A) 廣度
    (B) 長度
    (C) 一致性
    (D) 以上皆是

74. 為什麼許多大公司如 TOYOTA，經常對經銷商保持敏感性？
    (A) 因為經銷商有不小的合法權力
    (B) 因為製造商有不小的合法權力
    (C) 因為經銷商可以輕易的被第三方物流供應者所取代
    (D) 製造商不能打破對通路的承諾
    (E) 因為經銷商的支援是創造顧客價值的基本要素

75. 由於檔案來源廣泛多元，一般企業或組織的員工對檔案之形成、性質與價值之概念模糊有所誤解，對任何文字與非文字資料及其附件，無論其是否經過縝密之文書處理程序與審選，均認為是檔案，造成企業或組織的檔案數量無限膨脹，這就是所謂的：
    (A) 檔案肥胖症
    (B) 檔案近視症
    (C) 檔案厭食症
    (D) 檔案減肥症

76. 目前大多數的企業為何仍使用直接行銷作為銷售它們的商品方式？
    (A) 補充的管道或媒介
    (B) 主要行銷組合要素
    (C) 增加銷售通路
    (D) 對成熟或國際市場技術保留
    (E) (A)、(B) 及 (C)

77. 產品購買頻率低、使用期間長、消費者需要特別服務的產品，適用何種配銷方式？
    (A) 廣泛配銷
    (B) 集中配銷
    (C) 選擇配銷
    (D) 獨家配銷
    (E) 適應性配銷

78. 有些非營利機構將價格訂在低於成本價位上，以較低價格來銷售其產品為訂價目標者稱為：
    (A) 維持現況導向
    (B) 銷售導向
    (C) 非經濟性導向
    (D) 利潤導向

79. 企業總是不斷地在尋找增加與客戶面對面銷售時間的方法。下列都是達成這個方法的選項，除了哪一項以外？
    (A) 利用電話或視頻以取代直接造訪
    (B) 降低每一個銷售代表必須造訪的顧客人數
    (C) 提供更多且更完整的顧客資料給銷售人員
    (D) 簡化其紀錄保存與其他管理任務
    (E) 開發更佳的訪客方式與路線規劃

80. 利用欺騙性的電子郵件與詐欺網站來誘騙消費者填寫個人資料進行身分竊取，稱之為：
    (A) 網路病毒   (B) 網路蟑螂
    (C) 網路釣魚   (D) 網路怪客
    (E) 網路作手

第五回答案

1.(B)	2.(A)	3.(B)	4.(D)	5.(A)
6.(A)	7.(C)	8.(A)	9.(D)	10.(B)
11.(C)	12.(D)	13.(B)	14.(B)	15.(D)
16.(A)	17.(D)	18.(B)	19.(C)	20.(A)
21.(C)	22.(B)	23.(D)	24.(A)	25.(B)
26.(C)	27.(A)	28.(D)	29.(B)	30.(C)
31.(D)	32.(D)	33.(A)	34.(B)	35.(C)
36.(A)	37.(D)	38.(C)	39.(C)	40.(D)
41.(C)	42.(C)	43.(A)	44.(D)	45.(A)
46.(A)	47.(C)	48.(A)	49.(C)	50.(A)
51.(C)	52.(D)	53.(A)	54.(A)	55.(D)
56.(D)	57.(A)	58.(C)	59.(B)	60.(B)
61.(C)	62.(D)	63.(D)	64.(A)	65.(D)
66.(E)	67.(C)	68.(C)	69.(D)	70.(C)
71.(D)	72.(B)	73.(D)	74.(E)	75.(A)
76.(E)	77.(D)	78.(C)	79.(B)	80.(C)

第六回

1. 下列何者為目前最為快速成長的直接行銷方式？
   (A) 網路行銷 (on-line marketing)
   (B) 行動電話行銷 (mobile-phone marketing)
   (C) 電視購物 (direct-response television)
   (D) 互動的電視 (interactive TV)
   (E) 播客 (Podcasts)

2. 老闆要求你做三件事：(1) 打電話給客戶談一張更改訂單的事，(2) 今天有人會來收一筆私人款項 50,000 元，(3) 他小孩需要買一個新的便當盒，請問處理順序應為：
   (A) (1)(2)(3)
   (B) (3)(2)(1)
   (C) (2)(3)(1)
   (D) (1)(3)(2)

3. 接完電話時，對方要掛電話了，下列何者最恰當？
   (A) 謝謝
   (B) 不客氣
   (C) 再見
   (D) 如還有不明白的地方，請隨時來電

4. 處理電話留言的方式，下列何者為非？
   (A) 快下班前才回電，沒人與你說廢話
   (B) 避免題外話開場
   (C) 不用閒扯
   (D) 以上皆非

5. 當你打電話要求對方轉接分機，下列哪種說法不正確？
   (A) Extension 365, please.
   (B) Could I have extension 365?
   (C) Could you connect me to extension 365.
   (D) I'd like extension 365, please.

6. 當你在用餐時，吃到魚骨頭，應該如何處理較為恰當？
   (A) 直接吐出來
   (B) 用手遮住嘴，另一手將魚骨頭取出，放置盤緣
   (C) 用手把魚骨頭拿出來
   (D) 把魚骨頭吞進肚子

7. 點頭禮是用於：
   (A) 熟識平輩間，相遇問安或於行進間點頭打招呼
   (B) 長輩對晚輩
   (C) 主管對部屬
   (D) 以上皆是

8. 行禮時，身體上身傾斜 45 度，眼睛注視地面或受禮者腳尖，禮畢後再恢復立正的姿勢，請問這是什麼禮？
   (A) 注目禮   (B) 點頭禮
   (C) 鞠躬禮   (D) 親頰禮

9. 購買產品的人或組織稱之為：
   (A) 消費者   (B) 顧客
   (C) 直銷商   (D) 製造商

10. 行銷創造多項效用，例如：由於廠商的成本與目標顧客所獲得的效用之間往往不相等，因此，行銷人員可透過行銷活動來強化兩者之間的不對稱，這稱之為：
    (A) 價值效用   (B) 時間效用
    (C) 形式效用   (D) 組合效用

11. 下列何者不屬於行銷觀念？
    (A) 整體行銷   (B) 顧客滿意
    (C) 顧客導向   (D) 公司利潤

12. 下列哪一個不是「少子化」會造成的影響？
    (A) 人口提早進入負成長   (B) 人口結構逐漸變成倒三角形
    (C) 未來工作人口將逐漸減少 (D) 未來工作機會將逐漸減少

13. _____為一個家庭的可支配所得扣除必須品支出後，剩餘之部分。
    (A) 可隨意支配收入   (B) 稅前收入
    (C) 家庭為單位的消費額   (D) 稅後所得

14. 台灣哪一機構會定期公佈 GDP、消費物價指數等資料？

(A) 觀光局　　　　　　　　　　(B) 消基會
(C) 主計處　　　　　　　　　　(D) 財政局

15. HTC Desire 816 上市前詢問消費者對現階段市場上對於手機等相關資訊的認識，是屬於為了解：
    (A) 事實　　　　　　　　　　(B) 意見
    (C) 知識　　　　　　　　　　(D) 行為

16. 當手機公司在新款手機上市前，常需了解市場對於手機擁有的使用情形，例如：「請問你現在的手機品牌？」是屬於為了解：
    (A) 事實　　　　　　　　　　(B) 意見
    (C) 知識　　　　　　　　　　(D) 行為

17. 行銷研究計畫的擬定，所有程序步驟必須依照所要研究的哪一項內容來決定？
    (A) 研究問題　　　　　　　　(B) 研究設計
    (C) 問卷發展　　　　　　　　(D) 資料結果

18. 什麼是指一些經常影響他人態度或意見的人？
    (A) 參考群體　　　　　　　　(B) 社會階層
    (C) 族群　　　　　　　　　　(D) 意見領袖

19. 什麼是指當個體受到群體的影響，會懷疑並改變自己的觀點、判斷和行為，朝著與群體大多數人一致的方向變化？
    (A) 參考群體　　　　　　　　(B) 月暈效應
    (C) 從眾效應　　　　　　　　(D) 意見領袖

20. 消費者在購買商品時，常會重視他人的態度，主要是這個因素可能會帶來何種風險，而此風險會不利於社會關係與個人形象？
    (A) 知覺風險　　　　　　　　(B) 社會風險
    (C) 購物風險　　　　　　　　(D) 財務風險

21. 購買者的目標採購政策資源及採購中心的規模與成員是影響組織市場購買的什麼因素？

(A) 環境因素 (B) 組織因素
(C) 人際因素 (D) 個人因素

22. 組織購買參與者成員的教育程度、對風險態度、個性及偏好，是影響組織市場購買的什麼因素？
    (A) 環境因素 (B) 組織因素
    (C) 人際因素 (D) 個人因素

23. 組織購買參與者成員的專業性、在組織的位階及影響力，是影響組織市場購買的什麼因素？
    (A) 環境因素 (B) 組織因素
    (C) 人際因素 (D) 個人因素

24. 年齡、性別、所得、教育程度、家庭生命週期，屬於哪種市場區隔變數？
    (A) 地理變數 (B) 行為變數
    (C) 心理變數 (D) 人口統計變數

25. 根據消費者之動機、生活型態或人格特質，將市場區隔成不同之群體，屬於哪一種市場區隔變數？
    (A) 地理變數 (B) 行為變數
    (C) 心理變數 (D) 人口統計變數

26. 下列何者為台灣人口結構的敘述？
    (A) 增長趨緩，每年以 0.1% 的增長 (B) 戶數在增長
    (C) 女多於男 (D) 65 歲以上的老人增多，漸趨於老齡化

27. 根據消費者對產品的知識、追求的利益、使用率及忠誠度，將市場區隔成不同之群體，屬於哪種市場區隔變數？
    (A) 地理變數 (B) 行為變數
    (C) 心理變數 (D) 人口統計變數

28. 如有重要客戶參加會議，會後秘書有時需要協助送客，必須注意的送客禮儀是：
    (A) 於會議室門口握手道別

(B) 送至電梯口

(C) 送至大樓一樓門口

(D) 陪搭電梯至樓下，走到停車場確定客人安全上車，目送離去

29. 會議結束，眾人散去，秘書首先要做的事是：
    (A) 整理及報銷開會的零用金　　(B) 繼續工作
    (C) 開始繕打會議記錄　　(D) 場地善後，必要時自己動手

30. 如舉辦重要、大型會議，秘書應在會後安排一個工作人員餐敘，主要目的是：
    (A) 慰勞工作人員　　(B) 主管要訓話
    (C) 慰勞及討論檢討改進　　(D) 提升士氣

31. 英文書信，收信人的地址也許很長，但是最好能在_____內寫完。
    (A) 三行　　(B) 四行
    (C) 五行　　(D) 六行

32. 英文書信的稱謂要從左邊寫起，如果見到是寫 Dear Sirs，這通常是：
    (A) 英式寫法　　(B) 美式寫法
    (C) 中式寫法　　(D) 法式寫法

33. 所謂時間管理的優先順序，例行性事務是屬於：
    (A) 第四優先　　(B) 第三優先
    (C) 第二優先　　(D) 第一優先

34. 對檔案之功能認識不深，僅顧及眼前需求而忽視檔案之發展性與歷史性，以為檔案僅是束之高閣的無用文物，或僅可作文獻或史料研究用途，致機關內各級人員漠視其管理之重要性，甚至由非專業人員負責管理檔案，這就是所謂的：
    (A) 檔案肥胖症　　(B) 檔案近視症
    (C) 檔案厭食症　　(D) 檔案減肥症

35. 影響消費行為的社會因素除了家庭、角色與地位外，還包括：
    (A) 人格　　(B) 生活型態
    (C) 虛擬群體　　(D) 信念與態度

36. ＿＿＿＿＿＿＿，又稱標題分類法或科目分類法，即依照業務性質或組織部門分類，如依人事、財務、行銷、企劃等部門或性質分類，此一分類法較適用於組織或業務龐大的公司，優點為檔案簡明清楚。
    (A) 性質分類法　　　　　　　　　(B) 字母順序分類法
    (C) 筆畫順序分類法　　　　　　　(D) 地理分類法

37. 以下何者不是行銷人員用以區隔市場的行為變數？
    (A) 生活方式　　　　　　　　　　(B) 追求的利益
    (C) 產品使用時機　　　　　　　　(D) 消費者的態度

38. 以下哪一項不屬於秘書的工作？
    (A) 幫主管繳罰單　　　　　　　　(B) 採買主管出國要送的禮物
    (C) 幫開會中的同仁訂午餐便當　　(D) 以上都屬秘書的工作

39. 同事想透過秘書向主管傳達想法時，秘書最適當的做法是：
    (A) 將訊息一字不漏的傳達
    (B) 請同事自己直接傳達
    (C) 秘書加入自己的見解後傳達
    (D) 依事情性質，採納以上其中一種做法傳達

40. 主管出國期間，秘書應該：
    (A) 堅守工作崗位，與主管的職務代理人充分配合，使辦公室正常運作
    (B) 申請休假
    (C) 趁機處理私事
    (D) 串門子打發時間

41. 中文書信的敬啟者，在英文書信裡面通常稱為：
    (A) Subject Line　　　　　　　　(B) Salutation
    (C) Attention Line　　　　　　　(D) Greeting

42. 鞠躬禮是最尊敬之禮，請問用於何種情況？
    (A) 喪禮弔祭　　　　　　　　　　(B) 婚禮
    (C) 國旗、國父遺像、國家元首玉照　(D) 以上皆是

43. 所謂時間管理的優先順序,緊急又重要是屬於:
    (A) 第四優先
    (B) 第三優先
    (C) 第二優先
    (D) 第一優先

44. 當價格競爭易使市場行情產生激烈變化時,企業不考慮本身的成本,以競爭者的價格做為訂價的基礎,是採取何種訂價法?
    (A) 成本導向訂價法
    (B) 競爭導向訂價法
    (C) 顧客導向訂價法
    (D) 目標報酬訂價法

45. 因欠缺完善專業之系統管理、應用及推廣服務,以致多數企業或機關未能對檔案予以適當之收集、整理、保管,將之堆置辦公室邊陲角隅,致時有遺失或毀損情形,檔案逸散不全或蕪蔓龐雜,應用價值低落,大眾參考意願不高,常乏人問津,這就是所謂的:
    (A) 檔案肥胖症
    (B) 檔案近視症
    (C) 檔案厭食症
    (D) 檔案減肥症

46. 主管出差時一通電話打進來,問秘書公司裡有沒有重要事情,秘書的回答以下那種最恰當:
    (A) 沒有什麼事
    (B) 等主管回來再處理
    (C) 有重要事(略述),但是已請職務代理人處理
    (D) 不清楚

47. 為了和競爭者共同炒熱市場,以創造消費者的需求,同時也可和競爭者共同分擔昂貴的消費者教育成本,屬於下列哪一上市時機?
    (A) 同步上市
    (B) 領先上市
    (C) 落後上市
    (D) 以上皆是

48. 主管對秘書有誤解,說重話了,以下何者不是秘書該有的反應?
    (A) 理直氣壯
    (B) 找尋事實佐證
    (C) 找時間解釋
    (D) 處之泰然

49. 秘書必須察言觀色,如果遇見_____,工作一定要謹慎,每做完一件事要再三檢

查後,才能交卷。
(A) 細心的上司 (B) 性急的上司
(C) 愛交際的上司 (D) 沒時間觀念的上司

50. 品牌權益包括下列何者?
(A) 知覺品質 (B) 品牌知名度
(C) 品牌忠誠度 (D) 以上皆是

51. _____為品牌、品牌名稱及符號等組成的品牌資產,能為消費者及公司提供價值。
(A) 品牌評價 (B) 品牌標誌
(C) 品牌權益 (D) 品牌忠誠度

52. Aaker 主張品牌權益包括五個構面,能夠創造產品價值,下列何者不在其中?
(A) 品牌標誌 (B) 品牌知名度
(C) 知覺品牌品質 (D) 品牌忠誠度

53. 行銷人員必須預估未來市場的需求、成本、銷售量及競爭者後,下一個步驟是:
(A) 發展商業分析 (B) 產品開發與測試
(C) 試銷 (D) 正式上市

54. 在下列何種訂價目標下,廠商通常會將產品的價格訂得比較低?
(A) 維持現況導向 (B) 銷售導向
(C) 品質領導導向 (D) 利潤導向

55. 所謂時間管理的優先順序,重要不緊急是屬於:
(A) 第四優先 (B) 第三優先
(C) 第二優先 (D) 第一優先

56. 辦公室裡如果同仁打聽主管是否有婚外情,秘書的態度應該:
(A) 默認
(B) 加油添醋
(C) 四兩撥千金,不承認也不否認無法證實的傳聞

(D) 與同仁熱烈討論

57. 針對顧客的需求變化，設定產品售價，再倒推廠商的生產成本的訂價法？
    (A) 成本導向訂價法　　　　　　(B) 競爭導向訂價法
    (C) 顧客導向訂價法　　　　　　(D) 目標報酬訂價法

58. 密集式配銷經常適合在何種情況？
    (A) 選購品、特殊品與未搜尋品　(B) 便利品與零配件
    (C) 所有的企業品　　　　　　　(D) 未搜尋品與特殊品
    (E) 選購品與便利品

59. 一般而言，倉儲業者替消費者儲存產品，直到消費者需要時再予以提供，亦即其提供消費者何種形式的「效用」？
    (A) 時間　　　　　　　　　　　(B) 生產
    (C) 形式　　　　　　　　　　　(D) 包裝
    (E) 所有權

60. 試想一個高單價珠寶公司，如 Tiffany，要以何種方式以最快的時間將最獨特的珠寶交給海外顧客？
    (A) 鐵路運輸　　　　　　　　　(B) 網路
    (C) 航空快遞　　　　　　　　　(D) 海運
    (E) 貨車運輸

61. 秘書經常感覺自己的工作沒有成就感，困擾秘書的十大問題之一是：
    (A) 管理不當　　　　　　　　　(B) 閒言閒語
    (C) 欠缺專業　　　　　　　　　(D) 人員流動

62. 不同的溝通工具在不同的產品生命週期階段有著不同的效果，例如：在成熟期，下列何者為較重要之工具？
    (A) 廣告　　　　　　　　　　　(B) 公共關係
    (C) 銷售促進　　　　　　　　　(D) 人員銷售
    (E) 產品開發

63. 下列何者屬於對於新產品最有效直接之展示方式？
    (A) 合作廣告					(B) 商展
    (C) 商業會議					(D) 銷售競賽
    (E) 摸彩活動

64. 下列哪一個名詞或術語是用來形容人們在網路上發表自己的想法或觀點？
    (A) 電子郵件 (e-mail)			(B) 聊天室 (Chat room)
    (C) LINE					(D) 部落客 (blogs)
    (E) 焦點集群 (focus group)

65. 公司設置網頁的主要目的為：
    (A) 為了直接網路銷售公司產品		(B) 提供優惠券與促銷活動訊息
    (C) 為了刊登型錄並提供購買小偏方		(D) 為了建立顧客聲譽
    (E) 為了指出競爭對手的弱點

66. 服務為主的汽車維修或醫生看病，此類商品係所謂的何種屬性商品？
    (A) 高搜尋屬性				(B) 高經驗屬性
    (C) 高信任屬性				(D) 高品質屬性

67. 秘書必須察言觀色，如果遇見_____，要能判斷輕重緩急，才能達到要求。
    (A) 細心的上司				(B) 性急的上司
    (C) 愛交際的上司				(D) 沒時間觀念的上司

68. 理髮美容是屬於何種服務？
    (A) 有形服務行動加諸在人			(B) 有形服務行動加諸在物
    (C) 無形服務行動加諸在人			(D) 無形服務行動加諸在物

69. 為什麼資料庫行銷對可以獲得或找出對公司有利潤貢獻的消費者？
    (A) 公司可以將產品名稱與形象直接傳遞給消費者
    (B) 公司可以由顧客關係與銷售線索中獲得利益
    (C) 顧客可以獲得更低的價格
    (D) 顧客可以獲得更快更佳的服務
    (E) 顧客可以從更多的公司中獲取更多的信用

70. 製造商可直接給予中間商之銷售人員作為特別銷售行動之獎勵者為？
    (A) 購貨折讓　　　　　　　　　　(B) 商業折讓
    (C) 獎金　　　　　　　　　　　　(D) 免費商品
    (E) 通路競賽

71. 服飾、珠寶有形商品，此類商品係所謂的何種屬性商品？
    (A) 高搜尋屬性　　　　　　　　　(B) 高經驗屬性
    (C) 高信任屬性　　　　　　　　　(D) 高品質屬性

72. 現今企業直接行銷大量仰賴資料庫技術(大數據)與網際網路，而過去則利用郵局郵件、電話行銷與：
    (A) 銷售員親自拜訪　　　　　　　(B) 型錄
    (C) POP 促銷　　　　　　　　　　(D) 電子郵件
    (E) 內部銷售員

73. 在企圖利用衝動或不太成熟買家的這種優勢下，零售商是使用何種方式來矇蔽顧客？
    (A) 直接郵件行銷　　　　　　　　(B) 電話行銷
    (C) 直接回應電視行銷　　　　　　(D) 手機行銷
    (E) 訊息站行銷

74. 以下哪一項不是鄉民和行銷人員所擔憂的詐欺行為？
    (A) 病毒行銷　　　　　　　　　　(B) 網路釣魚
    (C) 惡意軟體　　　　　　　　　　(D) 造訪未經授權的團體
    (E) 間諜軟體

75. 在訊息溝通路徑中，以下何者為不良溝通？
    (A) 訊息來源及接收者並無面對面接觸　(B) 訊息來源及接收者並無參照框架
    (C) 訊息編碼者及解碼者不為同一人　　(D) 無法做到直接回饋
    (E) 在訊息溝通的管道中並無噪音

76. 餐館、旅遊和美容美髮，此類商品係所謂的何種屬性商品？
    (A) 高搜尋屬性　　　　　　　　　(B) 高經驗屬性

(C) 高信任屬性 (D) 高品質屬性

77. 企業應使用何種電話行銷來接觸潛在顧客，使銷售人員直接銷售給顧客？
    (A) 集客式 (B) 推廣式
    (C) 直接回應 (D) 選擇性退出
    (E) 企業對企業

78. Parasuraman、Zeithaml、Berry (1985) 所提出的服務品質的五個屬性構面中，要求銀行的櫃台行員的各項收費金額與內容不得錯誤，則是屬於＿＿＿＿。
    (A) 可靠性 (B) 有形性
    (C) 反應性 (D) 保證性
    (E) 關懷性

79. 在超市、便利商店、百貨公司裡都可以看到某個品牌的礦泉水，該品牌是採取何種配銷方式？
    (A) 密集式配銷 (intensive distribution) (B) 選擇式配銷 (selective distribution)
    (C) 專賣式配銷 (exclusive distribution) (D) 以上皆非
    (E) 以上皆是

80. 觀眾體會廠商在廣告中優越「誇張」性能後，對何者有幫助？
    (A) 支援人員銷售 (B) 改善通路商關係
    (C) 導入新產品 (D) 擴大產品使用功能

第六回答案

1.(A)	2.(A)	3.(D)	4.(D)	5.(C)
6.(B)	7.(D)	8.(C)	9.(B)	10.(A)
11.(D)	12.(D)	13.(A)	14.(C)	15.(C)
16.(A)	17.(A)	18.(D)	19.(C)	20.(B)
21.(B)	22.(D)	23.(C)	24.(D)	25.(C)
26.(B)	27.(B)	28.(D)	29.(D)	30.(C)
31.(B)	32.(A)	33.(A)	34.(B)	35.(C)
36.(A)	37.(A)	38.(D)	39.(D)	40.(A)
41.(C)	42.(D)	43.(D)	44.(B)	45.(C)
46.(C)	47.(A)	48.(A)	49.(A)	50.(D)
51.(C)	52.(A)	53.(B)	54.(B)	55.(C)
56.(C)	57.(C)	58.(B)	59.(A)	60.(C)
61.(B)	62.(C)	63.(B)	64.(D)	65.(D)
66.(C)	67.(B)	68.(A)	69.(B)	70.(C)
71.(A)	72.(B)	73.(A)	74.(A)	75.(B)
76.(B)	77.(C)	78.(A)	79.(A)	80.(A)

第七回

1. 大學教育是屬於何種服務？
   (A) 有形服務行動加諸在人
   (B) 有形服務行動加諸在物
   (C) 無形服務行動加諸在人
   (D) 無形服務行動加諸在物

2. 電話不是用來聊天的，所以和客戶講電話時，應該：
   (A) 就事論事
   (B) 長話短說
   (C) 短暫寒暄即可
   (D) 以上皆是

3. 下列哪一個購買決策階段會影響消費者的滿意度？
   (A) 廣告方式
   (B) 行銷手法
   (C) 方案評估與選擇
   (D) 消費

4. 秘書的電話很多，大部分都是老闆的事，如果是老闆的私人電話，秘書應如何面對？
   (A) 不過問
   (B) 公私分明，公事公辦，私事不參與，但是老闆要求協助時，盡量配合
   (C) 主動協助
   (D) 完全不理會

5. 要求與某人通話，一般比較客氣的用語是：
   (A) May I speak to Mary Lee, please?
   (B) Could I speak to Mary?
   (C) Where is Mary Lee?
   (D) Is Mary Lee at home?

6. 下列自我介紹時的說法，何者最正確？
   (A) Hello. This is Mary Lee of 3M Company.
   (B) Good morning. This is Mary Lee calling.
   (C) Hi. This is Mary Lee, a secretary of 3M.

(D) Good afternoon. This is Mary Lee, President Wu's secretary at 3M.

7. 西方人送你禮物時，你應該：
   (A) 回家再打開看
   (B) 當場打開看，並說很喜歡
   (C) 趕快轉送他人
   (D) 退回對方

8. 中、西餐桌禮儀稍有不同，下列何者為誤？
   (A) 西式餐桌禮儀以男主人為最大
   (B) 中式餐桌禮儀以男主人為最大
   (C) 西式餐桌禮儀到達時間以請帖上的時間前後十分鐘為宜
   (D) 西式餐桌禮儀，在家宴客比在餐廳來得正式

9. ＿＿＿＿會受到風俗習慣和文化的影響而持續地被塑造與改變。
   (A) 需要
   (B) 慾求
   (C) 需求
   (D) 價值

10. 需要理論中，何者為人類最基本的身體保溫、飢渴、性的需要？
    (A) 生理需要
    (B) 安全需要
    (C) 社會需要
    (D) 尊重需要

11. ＿＿＿＿是以八至十位為樣本，來針對某一主題進行討論。
    (A) 焦點群體法
    (B) 實驗室實驗法
    (C) 實地實驗法
    (D) 深度訪談法

12. ＿＿＿＿為一種非結構式的訪談，促使受測樣本自由地暢談對於研究的主題。
    (A) 焦點群體法
    (B) 實驗室實驗法
    (C) 實地實驗法
    (D) 深度訪談法

13. 當樣本不能代表目標母體時，即產生：
    (A) 抽樣誤差
    (B) 衡量誤差
    (C) 隨機誤差
    (D) 非隨機誤差

14. 下列非影響消費者行為的心理因素？
    (A) 認知
    (B) 信念

(C) 知覺 (D) 人格

15. _____是社會影響個人行為的最重要方式。
    (A) 文化 (B) 年齡
    (C) 所得 (D) 態度

16. 下列非消費者行為的微觀因素？
    (A) 動機 (B) 價值
    (C) 文化 (D) 人格

17. 衡量品牌忠誠度常用的指標為：
    (A) 品牌標誌 (B) 品牌認知
    (C) 品牌熟悉度 (D) 顧客滿意度和重複購買行為

18. 相對於「消費者市場」，「企業市場」的需求特性為：
    (A) 需求彈性較高 (B) 小波動的需求
    (C) 引申性需求 (D) 非引申性需求

19. 我們通常稱購買組織的購買決策單位為：
    (A) 企業購買者 (B) 供應商開發中心
    (C) 採購中心 (D) 供應商開發系統

20. 下列何者不是組織市場購買的類型？
    (A) 直接重購 (B) 選擇性採購
    (C) 新任務購買 (D) 修正再購

21. 經市場區隔後，顧客的多寡或購買力必須夠大，以保證其能支持某一特定的行銷組合活動，為有效市場區隔的哪項準則？
    (A) 足量性 (B) 可行動性
    (C) 可回應性 (D) 可衡量性

22. 經由市場區隔化，各市場區隔，應具有不同的偏好與需要，為有效市場區隔的哪一項準則？
    (A) 足量性 (B) 異質性

(C) 可回應性　　　　　　　　　　(D) 可衡量性

23. 藝術表演的欣賞是屬於何種服務？
    (A) 有形服務行動加諸在人　　　(B) 有形服務行動加諸在物
    (C) 無形服務行動加諸在人　　　(D) 無形服務行動加諸在物

24. 下列何者不是市場區隔的評估準則？
    (A) 可分割性　　　　　　　　　(B) 異質性
    (C) 可回應性　　　　　　　　　(D) 可衡量性

25. ＿＿＿＿最常使用於區隔消費者市場，很多廠商喜歡採用，做為區隔的變數。
    (A) 地理變數　　　　　　　　　(B) 行為變數
    (C) 心理變數　　　　　　　　　(D) 人口統計變數

26. 如會議主席不按議程及既定時間進行逐一討論，以下哪項是最好的改進方法：
    (A) 延長開會時間
    (B) 已超時，跳過一些較不重要的議題
    (C) 主席應反省，今後必須按議程來掌控開會的每分每秒
    (D) 時間已到，草草結束會議

27. 完整的會議通知及會議記錄可以：
    (A) 顯示公司該做的事都有做　　(B) 藉以追蹤工作權責
    (C) 代表主管管理得宜　　　　　(D) 代表秘書的文章書寫能力

28. 英文書信的本文，通常分為三個主體，但是並不包含：
    (A) Opening　　　　　　　　　　(B) Body
    (C) Complimentary Closing　　(D) Signature

29. ＿＿＿＿是以樣本來代表母體。
    (A) 誤差　　　　　　　　　　　(B) 變異量
    (C) 效標　　　　　　　　　　　(D) 抽樣

30. 以顧客的所在地為基準，依地域位置，同一洲、國家、省、市的資料集中歸檔。可依由北到南的順序分類，適用於大企業在各地的分公司資料，依地理位置順序歸

檔，這就是：
(A) 性質分類法 (B) 字母順序分類法
(C) 筆畫順序分類法 (D) 地理分類法

31. 西餐餐桌上重談話，但是有些話題不宜提及，請問下列何者可以談呢？
    (A) 女性的年齡 (B) 天氣好壞
    (C) 宗教 (D) 政治

32. 由公司署名的英文信函，正確的 Company Signature 擺放位置應該是：
    (A) 簽字人的姓名與頭銜 > 負責人簽名 > 結語 > 大寫的公司名稱
    (B) 大寫的公司名稱 > 簽字人的姓名與頭銜 > 負責人簽名 > 結語
    (C) 結語 > 大寫的公司名稱 > 負責人簽名 > 再打一次簽字人的姓名與頭銜
    (D) 結語 > 負責人簽名 > 大寫的公司名稱 > 再打一次簽字人的姓名與頭銜

33. 所謂時間管理的優先順序，緊急不重要是屬於：
    (A) 第四優先 (B) 第三優先
    (C) 第二優先 (D) 第一優先

34. 人類所有的行為都是為了滿足：
    (A) 需要 (B) 慾求
    (C) 需求 (D) 偏好

35. 秘書必須察言觀色，如果遇見＿＿＿＿＿＿＿，秘書要有組織能力、主動提醒、替他收集資料、隨時寫小紙條提醒他。
    (A) 細心的上司 (B) 性急的上司
    (C) 愛交際的上司 (D) 沒時間觀念的上司

36. 所謂時間管理的優先順序，「序」不是指＿＿＿＿＿＿＿，而是過程要合理化，才能提高結果的品質，也就是增加效果。
    (A) 「排序」 (B) 「秩序」
    (C) 「程序」 (D) 「次序」

37. ＿＿＿＿＿＿＿，係將歸檔文件以所屬單位名稱或負責人之姓名，根據英文字母先後順序

排列，歸順適當的檔案夾。此一分類最直接也最簡單，快捷方便。
(A) 性質分類法 (B) 字母順序分類法
(C) 筆畫順序分類法 (D) 地理分類法

38. 秘書的核心職能中，對公司最基本也最重要的功能是：
(A) 溝通協調 (B) 問題分析及解決
(C) 資訊管理 (D) 公共關係

39. 為爭取秘書不被替代的競爭優勢，秘書最需要培養的是：
(A) 公關能力 (B) 整合資訊能力
(C) 人脈資源 (D) 附加價值

40. 根據顧客對該產品可以接受的價格，倒推產品之成本，訂定出產品之價格的訂價法？
(A) 認知價值訂價法 (B) 競爭導向訂價法
(C) 需求回溯訂價法 (D) 目標報酬訂價法

41. 會議完畢，來賓交代的事，秘書應該：
(A) 有空再處理 (B) 優先處理
(C) 請同仁代處理 (D) 打電話給賓客的秘書，請她主導處理

42. 職場上，秘密是雙面刃，每個職位都必須遵守秘密，不該說的就不說，以免：
(A) 自己失寵 (B) 傷人又害己
(C) 沒有盡到秘書的責任 (D) 被嘲笑消息不夠靈通

43. 秘書在工作場所需要謹言慎行，以下不可到處透露的訊息是：
(A) 同仁薪資 (B) 年終獎金或紅利分配細節
(C) 各人考績結果 (D) 以上皆是

44. 秘書必須察言觀色，如果遇見＿＿＿＿＿＿，要研究他的重要客戶群，資料隨時更新，並以熱情負責的態度應對。
(A) 細心的上司 (B) 性急的上司
(C) 愛交際的上司 (D) 沒時間觀念的上司

45. 現代主管通常焦慮煩躁，困擾主管的十大問題之一是：
    (A) 時常加班 (B) 複雜瑣事
    (C) 資金調度 (D) 工作環境

46. 消費者在特定的產品類別中，能夠接受公司品牌及認知的程度稱為：
    (A) 品牌標誌 (B) 品牌知名度
    (C) 知覺品牌品質 (D) 品牌忠誠度

47. 消費者對於某一項產品的主觀判定，與其他品牌的差異，並為消費者心中考慮購買的品牌，即是：
    (A) 品牌知名度 (B) 品牌聯想
    (C) 知覺品牌品質 (D) 品牌忠誠度

48. 新產品創意來源，不可能來自：
    (A) 銷售人員 (B) 研究機構
    (C) 金融機構 (D) 顧客和配銷商

49. 航空公司對於貨物運輸之載運是屬於何種服務？
    (A) 有形服務行動加諸在人 (B) 有形服務行動加諸在物
    (C) 無形服務行動加諸在人 (D) 無形服務行動加諸在物

50. 新產品概念決定後，行銷人員必須預估未來市場的需求、成本、銷售量及競爭者，這是屬於新產品開發流程哪一步驟？
    (A) 發展商業分析 (B) 建立新產品策略
    (C) 概念測試 (D) 創意篩選

51. 下列何者為企業最常見也最簡單的訂價法？
    (A) 成本導向訂價法 (B) 競爭導向訂價法
    (C) 顧客導向訂價法 (D) 目標報酬訂價法

52. 蔬菜、生鮮通路階層不能過長之主要考量為何？
    (A) 易腐性 (B) 單位價值
    (C) 技術性 (D) 易達性

(E) 易用性

53. 電子資料交換 (EDI)：
    (A) 讓資料標準化
    (B) 可取得存貨資料
    (C) 在國內或國際市場都常見
    (D) 以上皆是
    (E) (A)與(B)對，(C)不對

54. 發展何種通路系統可以保護環境並帶來利潤？
    (A) 間接行銷通路
    (B) 綠色供應鏈
    (C) 搭售協議
    (D) 直效行銷通路
    (E) 獨家銷售模式

55. 主管出國期間，秘書可以鬆口氣，彈性分配自己的時間，其中最推薦的事是：
    (A) 上網
    (B) 將剪報資料做好
    (C) 整理檔案
    (D) 看書

56. 下列何者活動是由製造商主動舉辦，其召集所有通路中間商參加，一般都會在世界各大都市舉行？
    (A) 銷售競賽
    (B) 合作廣告
    (C) 訓練
    (D) 商業會議
    (E) 通路競賽

57. 主管在國外臨時需要一些資料，秘書應該
    (A) 盡全力支援、優先處理
    (B) 交給相關同仁處理並請他直接回應主管
    (C) 慢慢處理，反正兩地有時差
    (D) 轉告職務代理人處理即可

58. 下列何者屬於推廣組合策略中，唯一一種雙向溝通之方法？
    (A) 人員銷售
    (B) 廣告
    (C) 價格促銷
    (D) 大眾銷售
    (E) 免費商品

59. 所謂時間管理的優先順序，不重要不緊急是屬於：
    (A) 第四優先   (B) 第三優先
    (C) 第二優先   (D) 第一優先

60. _____，以中文字的筆劃數處理的分類方式，依單位名稱的第一個字或負責人姓氏筆劃順序歸檔。
    (A) 性質分類法   (B) 字母順序分類法
    (C) 筆畫順序分類法   (D) 地理分類法

61. 中間商對於產品購買特定數量後，製造商再給予特定比率之相同或其他商品，而不似購貨折讓以價格降低者屬於何種促銷？
    (A) 獎金   (B) 商業折讓
    (C) 購貨折讓   (D) 免費商品
    (E) 通路競賽

62. 德國雙人牌 (Zwilling) 鍋具之廣告若與類似的競爭品牌 (但並無明確的品牌名稱) 做比較，此例子為_____廣告。
    (A) 機構 (institutional)   (B) 比較性 (comparative)
    (C) 開創性 (pioneering)   (D) 主要 (primary)

63. 比較性廣告 (comparative advertising) 是主要目的是嘗試：
    (A) 開發選擇性需求 (selective demand)，並非主要需求 (primary demand)
    (B) 讓大眾記住產品的名字
    (C) 宣傳產品與其他產品不同的競爭力
    (D) 拓展新產品的需求
    (E) 建立企業的聲譽

64. 由企業高層決定特定期間之廣告預算金額是何種廣告預算方法？
    (A) 目標任務法   (B) 銷售比率法
    (C) 競爭法   (D) 仲裁法
    (E) 財務比例法

65. 航空公司對於乘客之載運是屬於何種服務？
    (A) 有形服務行動加諸在人
    (B) 有形服務行動加諸在物
    (C) 無形服務行動加諸在人
    (D) 無形服務行動加諸在物

66. 下列哪一個不是行銷人員在電視廣告方面失去了信心的理由？
    (A) 電視廣告花費較網路廣告花費金額上升得慢
    (B) 電視廣告與其他大眾媒介不再是促銷預算的大宗
    (C) 許多觀眾往往使用影片或 DVR
    (D) 大眾媒體的成本上升
    (E) 電視觀眾的人數下降

67. 現今部落格、Facebook 和其他網站論壇的普及，導致爆炸性的商業贊助網站稱之為：
    (A) 網路社群
    (B) 入口網站
    (C) 行銷片段
    (D) 發泡
    (E) 橫幅破壞者

68. 下列何種推廣方式是使用展示商品、折扣優惠、折價券和當場示範？
    (A) 銷售促進
    (B) 直接行銷
    (C) 公共關係
    (D) 人員銷售
    (E) 廣告

69. 行銷溝通者所要設計的理想溝通訊息應該是 AIDA 模式，其中的 I 是指：
    (A) 影響
    (B) 注意
    (C) 慾望
    (D) 興趣
    (E) 意圖

70. 現代的直銷商依賴大數據資料和網路，而早期的直銷商主要使用直接郵件、電話行銷以及下列何者？
    (A) 挨家挨戶銷售
    (B) 目錄
    (C) POP 推銷
    (D) 電子郵件
    (E) 內部銷售

71. 友人邀請你赴宴，如果你送花當禮品，由花店送上，理應在多久之前送達？
    (A) 1 小時以內　　(B) 2 小時以內
    (C) 3 小時以內　　(D) 4 小時以內

72. 下列何者訂價法又可分為現行水平訂價法和談判訂價法？
    (A) 成本導向訂價法　　(B) 競爭導向訂價法
    (C) 顧客導向訂價法　　(D) 目標報酬訂價法

73. 英文信函的末尾，常常會有一組 Reference Initials，用來說明這封信是哪個人代筆的，例如：Lucy Shih Dunn 幫老闆 Andrew Yeh 寫一封信，就會變成：
    (A) ay/LSD　　(B) LSD/AY
    (C) AY/lsd　　(D) LSD/ay

74. 病毒式行銷是指：
    (A) 利用病毒將行銷內容植入消費者電腦中
    (B) 在行銷內容中藏著病毒
    (C) 讓訊息能藉由口碑，散播給更多的潛在消費者
    (D) 利用病毒侵入消費者電腦，以記錄消費者瀏覽過哪些網站

75. PZB 所提出服務品質的缺口模型 (Gap Model)，第一個缺口為：
    (A) 不夠瞭解顧客的期望　　(B) 沒有選擇適當的服務設計與標準
    (C) 沒有依照標準傳遞服務　　(D) 表現並不符合原先對顧客的承諾

76. 有些餐廳會在櫃檯或店內張貼報紙與雜誌專訪的全文內容。請問這些餐廳是採用何種宣導手法？
    (A) 促銷　　(B) 免費廣告
    (C) 直接行銷溝通　　(D) 公共報導
    (E) 傳單宣傳

77. 以下何者為不良溝通？
    (A) 訊息來源及接收者並無參照框架　　(B) 在傳播的管道中並無噪音
    (C) 訊息編碼者及解碼者不為同一人　　(D) 無法做到直接回饋
    (E) 訊息來源及接收者並無面對面接觸

78. 印度及中國均擁有超過 10 億的人口,但是企業要進入這些市場並不容易,其所能獲得的市佔率非常有限,可能的原因是下列何者?
   (A) 宗教種姓制度
   (B) 歐美產品差異性太大
   (C) 高的稅賦
   (D) 語言障礙
   (E) 市場配銷通路不足

79. 杜邦鐵氟龍、衣服強調 Gore-Tex 的成份,這些產品將原物料與品牌相結合,請問我們稱其是以下何種品牌?
   (A) 混合品牌
   (B) 聯合品牌
   (C) 要素品牌
   (D) 授權品牌

80. 秘書除了服務主管以外,還要做許多辦公室行政工作,你認為:
   (A) 行政工作很單純
   (B) 行政工作很複雜,但能學到許多東西
   (C) 行政工作並不重要
   (D) 行政工作不應該交給秘書做

第七回答案

1.(C)	2.(D)	3.(D)	4.(B)	5.(A)
6.(D)	7.(B)	8.(A)	9.(B)	10.(A)
11.(A)	12.(D)	13.(A)	14.(D)	15.(A)
16.(C)	17.(D)	18.(C)	19.(C)	20.(B)
21.(A)	22.(B)	23.(C)	24.(A)	25.(D)
26.(C)	27.(B)	28.(D)	29.(D)	30.(D)
31.(B)	32.(C)	33.(B)	34.(A)	35.(D)
36.(A)	37.(B)	38.(A)	39.(D)	40.(C)
41.(B)	42.(B)	43.(D)	44.(C)	45.(C)
46.(B)	47.(C)	48.(C)	49.(D)	50.(A)
51.(A)	52.(A)	53.(D)	54.(B)	55.(C)
56.(D)	57.(A)	58.(A)	59.(A)	60.(C)
61.(D)	62.(B)	63.(A)	64.(D)	65.(A)
66.(B)	67.(A)	68.(A)	69.(D)	70.(B)
71.(C)	72.(B)	73.(C)	74.(B)	75.(A)
76.(D)	77.(A)	78.(E)	79.(C)	80.(B)

第八回

1. 電話是一種管理工具,當我們打電話去找對方而對方不在時,請問下列何種作法是正確的?
   (A) 謝謝,就把電話掛了
   (B) 留下資料請對方回電
   (C) 找對方的職務代理人把事情解決
   (D) 改天再打

2. 由批發商或零售商發展出來的品牌為:
   (A) 全國性品牌
   (B) 家族品牌
   (C) 私人品牌
   (D) 授權品牌

3. 寫一張留言條,應注意哪些事項?
   (A) 來電者的公司或大名
   (B) 交辦事項及聯絡方式
   (C) 來電時間
   (D) 以上皆是

4. 當你接到一通電話但是聽不懂對方在說什麼時,你要說什麼?
   (A) I can not understand.
   (B) Can you repeat?
   (C) Pardon?
   (D) Can you speak louder?

5. 茶點招待注意事項,下列何者有誤?
   (A) 用茶包泡茶給客人喝時,待茶湯釋出後即取走茶包,再奉茶
   (B) 所有茶點均需以托盤襯底再奉上
   (C) 最正式的器皿以瓷器有蓋者為上
   (D) 奶精和糖可以幫客人加入杯中再奉上

6. 送客時應注意禮節,下列何者為誤?
   (A) 送客要送到確定離去為止
   (B) 主人及男士應替女客人開車門即可
   (C) 有司機開車時,其右邊地位最小
   (D) 有司機開車時,其後座右邊地位最大

7. 在常見的五種市場哲學觀念中,認為組織必須積極進行銷售和促銷,是屬於何種市場哲學?
   (A) 生產觀念
   (B) 行銷觀念
   (C) 財務觀念
   (D) 銷售觀念

8. ＿＿＿＿＿是一套程序,經由有利於交換雙方和其他關係人的方式,來創造、溝通與傳達具有價值的產品給進行交換的對方。
   (A) 定位
   (B) 行銷
   (C) 廣告
   (D) 銷售

9. 電話管理的原則,下列何者為非?
   (A) 困難的人要先找
   (B) 打電話次之
   (C) 打電話比較重要
   (D) 接電話次之

10. 以下何者為非特殊利益團體?
    (A) 董氏基金會
    (B) 環境保護團體
    (C) 原住民團體
    (D) 主婦聯盟

11. 波特 (Michael Porter) 提出何理論來協助組織分析個體環境?
    (A) 五力分析
    (B) 差異化分析
    (C) SWOT
    (D) 鑽石理論

12. 以下何種問卷調查方式的回收率最低?
    (A) 郵寄
    (B) 網路
    (C) 電話
    (D) 人員訪談

13. 下列何者為行銷研究的第一個步驟?
    (A) 界定研究問題與研究目的
    (B) 規劃研究流程
    (C) 闡述研究方向
    (D) 進行資料蒐集

14. ＿＿＿＿＿是指資料蒐集工具在衡量上的正確性。
    (A) 信度
    (B) 效度
    (C) 效標
    (D) 抽樣程序

15. _____是指一個人對某些事物所持有的描述性看法。
    (A) 信念 (B) 認知
    (C) 知覺 (D) 動機

16. 下列哪一項為消費者涉入程度最低的產品？
    (A) 電視機 (B) 牙線
    (C) 手機   (D) Notebook

17. 下列何者不是馬斯洛需要層級裡所定義的人類需要？
    (A) 生理需要 (B) 安全需要
    (C) 社會需要 (D) 心理需要

18. 相對於組織市場，下列何者不是消費者市場的特色？
    (A) 購買者數目較多 (B) 購買者集中
    (C) 購買頻率次數多 (D) 非專家購買

19. _____，大都使用於公司成立資料中心時，因檔案數量眾多，利用檔案夾本身的顏色來區分類別。
    (A) 號碼分類法   (B) 時間分類法
    (C) 顏色管理分類法 (D) 符號分類法

20. 相對於消費者市場，下列何者不是企業市場的購買行為特性？
    (A) 專業性購買   (B) 具有地域性集中的現象
    (C) 買賣雙方的關係密切 (D) 需求較具彈性

21. 相對於「企業市場」，「消費者市場」的購買行為特性為：
    (A) 通常面對較複雜的購買決策 (B) 購買頻率次數多
    (C) 購買者數目較少   (D) 需求較不具彈性

22. 每個區隔市場的規模大小及購買力，可被衡量的程度，為有效市場區隔的哪一項準則？
    (A) 足量性   (B) 異質性
    (C) 可回應性 (D) 可衡量性

23. 行銷人員對於所形成的市場區隔，擬定有效的行銷方案，並服務該市場區隔的程度，為有效市場區隔的哪一項準則？
    (A) 足量性
    (B) 可行動性
    (C) 可回應性
    (D) 可衡量性

24. 名片的應用原則，下列哪一項是不正確的？
    (A) 一張名片一種頭銜
    (B) 拿到名片趕快寫下對方的特徵，以免忘記
    (C) 拿到對方名片時要重複一次對方的姓名及頭銜
    (D) 雙手遞名片時，應目視對方並說幸會

25. 秘書被指派參加會議並寫會議記錄，她應有的心態是：
    (A) 保持中立
    (B) 以主管的話為重點
    (C) 以同仁的話為重點
    (D) 靠自己的判斷來寫會議記錄

26. 會議記錄的依據是：
    (A) 以主管的發言為主
    (B) 依循議程或上次會議記錄未決事項逐一討論
    (C) 臨時動議
    (D) 會中隨興發言

27. 在常見的五種市場哲學觀念中，患了行銷近視病是屬於何種市場哲學？
    (A) 產品觀念
    (B) 生產觀念
    (C) 財務觀念
    (D) 銷售觀念

28. 如果主管需要秘書一起外出開會，並負責寫會議記錄，秘書事先要做的事是：
    (A) 主動先認識該公司的秘書
    (B) 熟悉議程
    (C) 打電話問清楚會議場地情形
    (D) 要求事前親赴場地熟悉環境，及了解當天的座位圖，以便能停看聽整個開會過程

29. 如果一封信裡面還有附件，其標記方式中，下面哪種縮寫是錯的？

(A) Enlc. (B) Encls.
(C) Encs. (D) Enc.

30. 我們寫信給一個人，同時還要把副本給另一個人，這時候就說要 CC 給他，請問這 CC 兩個字是_____的縮寫字母。
    (A) Close Copy (B) Copy Carbon
    (C) Clear Copy (D) Carbon Copy

31. 傳統英文書信的書寫格式，每一行都從最左邊打起，盡可能不用標點符號的是指：
    (A) 全齊平式 (B) 齊平式
    (C) 改良齊平式 (D) 混合式

32. _____的管理，大約佔所有事情的百分之三至五，可以說是去而不回的事情。包括有重大的危機、有限期的壓力，還有公司面臨罷工或倒閉；重大決策的關鍵；可以說人生沒有想到卻發生的緊急狀況。
    (A) 第四優先 (B) 第三優先
    (C) 第二優先 (D) 第一優先

33. _____，是在文件分類後，編上號碼，再依其號碼予以歸檔，使用時只需查看目錄上的號碼，再根據號碼調閱文件資料即可。
    (A) 號碼分類法 (B) 時間分類法
    (C) 顏色管理分類法 (D) 符號分類法

34. 21 世紀的秘書必須：
    (A) 埋頭多做事，少發言 (B) 以工作為重，犧牲休閒時間
    (C) 發展多元職能 (D) 凡事追求完美

35. 秘書要採取主動積極的工作態度，如果主管手上有緊急事找人協助，但忽略找秘書，秘書應該採取的行動是：
    (A) 等主管來找 (B) 裝做不知道
    (C) 叫同仁去關心 (D) 義不容辭地主動幫忙

36. 主管出差要回國了，秘書首先務必做的事是：

(A) 收拾鬆散的心，準備好好上班

(B) 整理主管的桌面

(C) 整理自己的桌面

(D) 安排車到機場接機，並與接機者即時聯繫直到主管安全上車

37. 主管出差一陣子，剛回國的第一時間，秘書要協助他快速掌握辦公室現況，做法是：
    (A) 打電話到他家，報告事項
    (B) 將事項用簡訊向他報告
    (C) 用 line 向他報告
    (D) 準備透明夾，將文件依重要性排序，送主管家裡或請接機者帶至機場面交主管

38. 同事借錢忘了還，你會：
    (A) 原諒她，錢也不用還了
    (B) 寫一封嚴肅的信給她，限期歸還
    (C) 向人事部投訴
    (D) 適當時機，客氣地提醒她，並將尾數零錢準備好

39. 情緒管理方法之一是「且慢發作」，意思是：
    (A) 停下來想，生氣會改變情況嗎？   (B) 這事值得生氣嗎？
    (C) 生氣是想改變對方嗎？   (D) 以上皆是

40. 所謂默契，即是不用上司開口，你已經知道怎麼做。培養默契時切記不要：
    (A) 花時間了解上司的個性   (B) 研究他的個人隱私
    (C) 經常溝通   (D) 了解彼此的想法和做法

41. 如果發現上司是＿＿＿＿＿＿＿，秘書大可放心做事，只需將成果稟告即可。
    (A) 授權導向   (B) 攬權導向
    (C) 自私自利   (D) 毫無人情味

42. ＿＿＿＿＿＿＿，是指不論文件的性質及類別，僅依交易日期、發信日期或收件日期的時間順序存放。
    (A) 號碼分類法   (B) 時間分類法
    (C) 顏色管理分類法   (D) 符號分類法

43. 下列何種行銷方式，又稱為客製化行銷、小眾行銷？
    (A) 大眾化行銷
    (B) 差異化行銷
    (C) 集中化行銷
    (D) 個人行銷

44. 秘書進入職場後，必須要先了解工作環境、公司制度與主管工作的方法與習性。經過＿＿＿＿的試用期過後，就不能抱著凡事問，什麼都不懂的態度來上班了。
    (A) 一個月
    (B) 兩個月
    (C) 三個月
    (D) 四個月

45. 消費者看到或聽到此品牌，包括產品功能、特色等任何與品牌有關連的事物稱為：
    (A) 知覺品質
    (B) 品牌知名度
    (C) 品牌忠誠度
    (D) 品牌聯想

46. 以有形行動來處理顧客的持有物，顧客參與程度較低，這是服務行銷的處理的哪一個型態？
    (A) 人身處理 (people processing)
    (B) 物品處理 (possession processing)
    (C) 心理刺激處理 (mental stimulus processing)
    (D) 資訊處理 (information processing)

47. 產品品牌由生產製造廠商發展出來，並歸屬製造商者為：
    (A) 全國性品牌
    (B) 家族品牌
    (C) 私人品牌
    (D) 授權品牌

48. 新產品開發流程的第一個步驟為何？
    (A) 創意的篩選
    (B) 新產品創意發想
    (C) 概念測試與發展
    (D) 商業化分析

49. 請問全球最大零售商沃爾瑪 Wal-Mart，推行「天天都便宜」的策略，是採用何種訂價方式？
    (A) 價值訂價法
    (B) 競爭導向訂價法
    (C) 需求回溯訂價法
    (D) 目標報酬訂價法

50. 下列何種訂價方法不屬於競爭導向訂價法？
    (A) 流行訂價法　　　　　　　　(B) 習慣訂價法
    (C) 談判訂價法　　　　　　　　(D) 拍賣訂價法

51. 認知價值訂價法，是依據顧客對產品的認知價值決定其價格，下列何者最不是影響消費者知覺產品價值的因素？
    (A) 產品的外觀設計　　　　　　(B) 產品品牌形象
    (C) 產品的營銷費用　　　　　　(D) 產品品質意象

52. 麵包、口香糖、軟性飲料、報紙等適用何種配銷方式？
    (A) 獨家配銷　　　　　　　　　(B) 集中配銷
    (C) 選擇配銷　　　　　　　　　(D) 廣泛配銷
    (E) 適應性配銷

53. 知名設計師吳季剛想要透過一家高知名度的百貨業或經銷商來銷售其所設計的服飾。吳季剛採用了什麼配銷通路？
    (A) 獨家經銷通路　　　　　　　(B) 獨家經營模式
    (C) 搭售協議　　　　　　　　　(D) 獨家銷售協議
    (E) 全產品線銷售

54. 下列何種流程不會隨著商品實體的移轉而有所變動？
    (A) 實體流程　　　　　　　　　(B) 所有權流程
    (C) 資訊流程　　　　　　　　　(D) 推廣流程
    (E) 倉儲流程

55. 製造商同意共同分攤零售商費用或給予特定金額或比率補助之促銷為：
    (A) 商展　　　　　　　　　　　(B) 合作廣告
    (C) 商業會議　　　　　　　　　(D) 銷售競賽
    (E) 通路競賽

56. 下列有關晚期大眾之敘述，何者為真？
    (A) 應大量使用大眾媒體進行推廣
    (B) 比較會利用其他晚期採用者而非銷售人員

(C) 須大量使用銷售人員之行銷資源

(D) 與銷售人員的互動最多，並與早期大眾的接觸最多

(E) 與早期採用者的接觸最多

57. 企業使用哪一種廣告時，較會引起競爭對手的反擊？
    (A) 告知
    (B) 比較
    (C) 提醒
    (D) 成本

58. 在產品生命週期的哪一階段，生產者會將其推廣著重於刺激選擇性需求？
    (A) 市場導入期
    (B) 市場成長期
    (C) 市場成熟期
    (D) 銷售衰退期
    (E) 當主要需求結束時

59. 企業在媒體選擇上，何者以針對特定目標採行廣告相當有效？
    (A) 雜誌
    (B) 網路
    (C) 廣播
    (D) 電視

60. 一個典型的顧客資料庫是包含個別顧客或潛在顧客的地理位置、人口統計、購買心態及何種資料的集合？
    (A) 行為的
    (B) 文化的
    (C) 醫學的
    (D) 道德的
    (E) 情緒的

61. 企業在媒體選擇上，何者的優點為可及時、快速的傳達訊息給廣大觀眾？
    (A) 電視
    (B) 網路
    (C) 廣播
    (D) 報紙
    (E) 平面廣告

62. 汽車保險是屬於何種服務？
    (A) 有形服務行動加諸在人
    (B) 有形服務行動加諸在物
    (C) 無形服務行動加諸在人
    (D) 無形服務行動加諸在物

63. 消費者必須參與服務，與服務業者互動，服務才能有效傳遞，這是服務行銷的處理的哪一個型態？
    (A) 人身處理 (people processing)
    (B) 物品處理 (possession processing)
    (C) 心理刺激處理 (mental stimulus processing)
    (D) 資訊處理 (information processing)

64. 在直銷的顧客資料庫中，消費心態的資料包含客戶哪兩種資訊？
    (A) 興趣及收入
    (B) 看法及年齡
    (C) 年齡及購買偏好
    (D) 活動及看法
    (E) 嗜好及收入

65. 以下何者是單向抒發管道為主的網路溝通工具？
    (A) E-mail
    (B) Skype
    (C) QQ
    (D) Facebook
    (E) LINE

66. 行銷人員使用何種電話行銷方式是透過電視廣告和目錄接收訂單？
    (A) 集客式
    (B) 推廣式
    (C) 互動
    (D) 直接回應
    (E) 企業對企業

67. _____ 的管理，大約佔有所有事情的百分之五十，每天上班都有一半的時間在做經常性的事情，例如開會、接電話、聯絡、寫報告、看 Mail 等等。
    (A) 第四優先
    (B) 第三優先
    (C) 第二優先
    (D) 第一優先

68. 何者交易型態是企業可節約實體商店的成本、管理以及人員等費用，而經由物流系統的運作，商品也可以更快速地寄達消費者手上？
    (A) B2B
    (B) C2B
    (C) B2C
    (D) C2C
    (E) O2O

69. _____係指供給生產廠商及其競爭者所需的原物料與零組件等資源的上游廠商。
    (A) 供應商
    (B) 中間商
    (C) 實體運配機構
    (D) 製造商

70. 行銷人員對於所形成的市場區隔，找到可進入的區隔市場，並能有效地服務的程度，為有效市場區隔的哪一項準則？
    (A) 足量性
    (B) 可行動性
    (C) 可回應性
    (D) 可衡量性

71. _____的管理，大約佔所有事情的百分之七到十，是丟了想找回來有可能性；或是說未來發生會影響到現在、現在發生會影響到未來的事務。包括有未來發展、行銷、生涯規劃、人際關係、客戶維繫、溝通與協調、休閒等等。這也是人生最容易被忽略卻最重要的一個部分。
    (A) 第四優先
    (B) 第三優先
    (C) 第二優先
    (D) 第一優先

72. 相互介紹的順序，下列何者為非？
    (A) 先介紹男士，再介紹女士
    (B) 先介紹來賓，再介紹自己人
    (C) 先介紹個人，再介紹團體
    (D) 將職位低的介紹給職位高的

73. 下列哪一項為消費者涉入程度最高的產品？
    (A) 洗髮精
    (B) 牙膏
    (C) 手機
    (D) 教科書

74. _____是指某一資料蒐集工具能夠一致無誤地衡量相同的事物。
    (A) 信度
    (B) 效度
    (C) 效標
    (D) 抽樣程序

75. 服務人員將無形行動用於顧客的心智，顧客可能親臨服務場所，也可能透過電視、廣播或電信等獲得服務，這是服務行銷的處理的哪一個型態？
    (A) 人身處理 (people processing)
    (B) 物品處理 (possession processing)
    (C) 心理刺激處理 (mental stimulus processing)

(D) 資訊處理 (information processing)

76. 新產品發展流程的最後一個步驟是：
    (A) 商業化分析　　　　　　　　(B) 建立新產品策略
    (C) 產品發展　　　　　　　　　(D) 正式上市

77. 免費鈴聲、手機遊戲及簡訊比賽皆是何種行銷方式？
    (A) 資訊站　　　　　　　　　　(B) 線上
    (C) 播客　　　　　　　　　　　(D) 視訊播客
    (E) 手機

78. ＿＿＿＿＿＝ P (顧客事後知覺) － E (顧客事前期望)。
    (A) 創新品質　　　　　　　　　(B) 顧客滿意度
    (C) 服務品質　　　　　　　　　(D) 顧客抱怨

79. 微軟公司與 Taco Bell 公司及 Sobe 飲料公司合作，共同促銷家用電視遊戲機「Xbox」，只要參加遊戲競賽，Taco Bell 及 Sobe 公司就會提供免費的食物與飲料。此種促銷方式稱之為：
    (A) 聯合銷售 (co-marketing)　　(B) 整包特價促銷 (price-pack deals)
    (C) 折價券 (coupon)　　　　　　(D) 分送樣品 (sample)
    (E) 兌獎促銷 (Lottery promotion)

80. 以下何者不是促銷的一種？
    (A) 打九折　　　　　　　　　　(B) 採購點的展示
    (C) 展覽會　　　　　　　　　　(D) 免費樣品
    (E) 全新的廣告

第八回答案

1.(C)	2.(C)	3.(D)	4.(C)	5.(D)
6.(B)	7.(D)	8.(B)	9.(B)	10.(A)
11.(A)	12.(B)	13.(A)	14.(B)	15.(A)
16.(B)	17.(C)	18.(B)	19.(C)	20.(D)
21.(B)	22.(D)	23.(B)	24.(B)	25.(A)
26.(B)	27.(A)	28.(D)	29.(A)	30.(D)
31.(A)	32.(D)	33.(A)	34.(C)	35.(D)
36.(D)	37.(D)	38.(D)	39.(D)	40.(B)
41.(A)	42.(B)	43.(D)	44.(C)	45.(D)
46.(B)	47.(A)	48.(B)	49.(A)	50.(B)
51.(C)	52.(D)	53.(A)	54.(B)	55.(B)
56.(B)	57.(B)	58.(B)	59.(A)	60.(A)
61.(A)	62.(D)	63.(A)	64.(D)	65.(A)
66.(A)	67.(B)	68.(C)	69.(A)	70.(C)
71.(C)	72.(A)	73.(C)	74.(A)	75.(C)
76.(D)	77.(E)	78.(C)	79.(A)	80.(E)

第九回

1. 想提高工作效率,或者觀察一個人是否有效率、是否值得提拔,請問應從下列何處觀察?
   (A) 動作快慢
   (B) 吃飯速度
   (C) 電話處理
   (D) 英文好壞

2. 服務業者將無形行動用在顧客資產,例如會計、法律、保險、投資等,並高度依賴專業知識以及資訊的蒐集與處理,這是服務行銷的處理的哪一個型態?
   (A) 人身處理 (people processing)
   (B) 物品處理 (possession processing)
   (C) 心理刺激處理 (mental stimulus processing)
   (D) 資訊處理 (information processing)

3. 下列何種型態的創新對現存產品進行功能加強或改善,例如微軟 Windows 軟體?
   (A) 連續性創新品
   (B) 緩和式的創新品
   (C) 動態連續創新
   (D) 非連續性創新

4. 當老闆指示今天某人打電話來都說他不在,你應如何處理?
   (A) 配合辦理,依平日的方式接聽電話,不讓對方察覺
   (B) 直接說不在,就掛電話
   (C) 問明對方來意,幫他留言
   (D) 保持安靜

5. 如果對方方便替你留話的時候,你可以留電話給你要找的人,請問下列何者為誤?
   (A) Please ask Mary Lee call me.
   (B) Please tell Mary Lee that I called.
   (C) Please tell Mary Lee that there is a call from Lo Lin of 3C company.

305

(D) Please ask Mary Lee to call me back.

6. 西餐座位的安排，下列何者不正確？
   (A) 西式座位採男女交叉入座
   (B) 男主人右手邊為女主賓
   (C) 西式餐飲重菜色，中式餐飲重氣氛
   (D) 女主人的右手邊為男主賓

7. 西餐餐具的擺設十分重視，若有不慎就會鬧笑話，請問下列何者有誤？
   (A) 水杯在右手邊
   (B) 麵包在左手邊
   (C) 刀在右手邊
   (D) 湯匙在左手邊

8. 西餐上菜的順序為何？(1) 水果，(2) 主菜，(3) 沙拉，(4) 湯，(5) 甜點，(6) 前菜。
   (A) (6)(3)(4)(2)(5)(1)
   (B) (3)(6)(4)(2)(5)(1)
   (C) (4)(6)(3)(2)(1)(5)
   (D) (6)(3)(4)(2)(1)(5)

9. 西餐進餐時有些規則，請問下列何者為誤？
   (A) 主人致詞是在主菜上菜之後
   (B) 口布放在膝上，限於擦嘴角及手掌
   (C) 白肉配白酒，紅肉配紅酒
   (D) 喝湯不能發出聲音

10. 需要理論中，何者被同學所肯定？
    (A) 自我實現需要
    (B) 安全需要
    (C) 社會需要
    (D) 尊重需要

11. ＿＿＿＿＿＿是總體環境中最受重視。
    (A) 社會
    (B) 人口統計環境
    (C) 經濟
    (D) 兩岸

12. 下列何者為消費者市場的人口統計構面？
    (A) 人口壽命
    (B) 人口年齡結構
    (C) 人口教育程度
    (D) 以上皆是

13. 根據聯合國世界衛生組織對於「老齡化」的定義，幾歲以上老年人口占總人口的比例達百分之七時，稱為「高齡化社會」(aging society)？
    (A) 60
    (B) 65
    (C) 70
    (D) 75

14. ＿＿＿＿＿＿＿的方式能夠快速地接觸到大量的樣本。
    (A) 焦點群體法　　　　　　　　(B) 實驗室實驗法
    (C) 郵寄調查　　　　　　　　　(D) 街頭訪談

15. ＿＿＿＿＿＿＿是一種因果性的研究，即是尋找變數之間的因果關係。
    (A) 規範性研究　　　　　　　　(B) 探索性研究
    (C) 描述性研究　　　　　　　　(D) 以上皆非

16. 消費決策過程中有不同的角色，何者會提出意見並左右購買決策？
    (A) 提議者　　　　　　　　　　(B) 出資者
    (C) 影響者　　　　　　　　　　(D) 購買者

17. 下列何者可以藉由個人的活動、興趣與意見來加以辨別？
    (A) 生活型態　　　　　　　　　(B) 人格特質
    (C) 價值動機　　　　　　　　　(D) 信念態度

18. 組織購買者購買那些單價較高，且公司過往沒有相關購買經驗，此類購買稱為：
    (A) 直接重購　　　　　　　　　(B) 選擇性採購
    (C) 新任務購買　　　　　　　　(D) 修正再購

19. 若公司發展一套行銷組合，以滿足某一特定區隔消費者的需要與偏好，是採取何種行銷方式？
    (A) 大眾化行銷　　　　　　　　(B) 區隔化行銷
    (C) 集中化行銷　　　　　　　　(D) 個人行銷

20. 行銷人員針對個人的偏好與購買習性，設計獨特的行銷組合，是採取何種行銷方式？
    (A) 大眾化行銷　　　　　　　　(B) 區隔化行銷
    (C) 集中化行銷　　　　　　　　(D) 個人行銷

21. 讓消費者以輕鬆、省時、有效的方式獲得有效吸收服務的成果，這是服務行銷中應強調注意的哪一個型態？
    (A) 人身處理 (people processing)

(B) 物品處理 (possession processing)

(C) 心理刺激處理 (mental stimulus processing)

(D) 資訊處理 (information processing)

22. 表格式的會議記錄應載明「缺席者」名字，主要用意是：
   (A) 使該員難堪
   (B) 提醒大家他不重視這個會議
   (C) 他雖缺席但必須掌握狀況
   (D) 秘書秉公處理

23. 會議記錄中大家踴躍發言，秘書在寫記錄時應注意：
   (A) 重點記錄並迅速記下主席對該議題所下的結論
   (B) 將所有討論過程一五一十的記錄下來
   (C) 等最後結論才記下來
   (D) 只需靠錄音筆，會後再仔細聽並整理成記錄

24. 會議記錄內文四個欄位的次序是：
   (A) 編號、發言者、決議、負責人
   (B) 議題、發言者、決議、負責人
   (C) 議題、決議、負責人、完成日期
   (D) 議題、發言者、決議、完成日期

25. 傳統英文書信的書寫格式，每一行都從最左邊打起，但是日期、結尾語、公司簽名、發信人名都寫在信紙由中央打起的是：
   (A) 全齊平式
   (B) 齊平式
   (C) 改良齊平式
   (D) 混合式

26. ＿＿＿＿＿主要在發現關於某一研究領域的研究創新或洞見。
   (A) 探索性研究
   (B) 規範性研究
   (C) 描述性研究
   (D) 以上皆非

27. ＿＿＿＿＿的管理，是指每天都會發生的，佔了事情的百分之三十。好比開機、關機、刷卡、列印、吃飯、上廁所等等，無論如何都要做的事情。
   (A) 第四優先
   (B) 第三優先
   (C) 第二優先
   (D) 第一優先

28. 現代人的有效的時間管理法則當中，＿＿＿＿＿的觀念顯然是錯的，能夠不急不緩適

當運用時間的人,才是懂得開發時間、利用時間的人。
(A) 一次只處理一件事
(B) 相關的事件可以一次完成
(C) 化簡為繁
(D) 化整為零、聚零為整

29. 電子檔案製作及儲存保管成本低廉,可以在低保存成本下有效延長檔案壽命;以光碟的耐久保存特性,每片光碟片在正常室溫下至少可保存:
(A) 80 年
(B) 90 年
(C) 100 年
(D) 115 年

30. 電子檔案處理過程中,_____的定義,是指電子檔案管理系統之軟硬體過時或失效,需進行軟硬體格式轉換,以便日後可讀取之作業程序。
(A) 憑證
(B) 轉置
(C) 模擬
(D) 封裝

31. 在外面學習到一些管理的新觀念,可以適用於公司,秘書應該:
(A) 自己學會就好
(B) 回公司與大家分享
(C) 告訴主管即可
(D) 取得主管同意,並將資訊分享給同仁

32. 寶齡公司擁有飛柔、沙宣、潘婷、海倫仙度絲等知名品牌,各品牌具有獨特的品牌形象,以滿足不同市場區隔的偏好,是採取何種行銷方式?
(A) 大眾化行銷
(B) 差異化行銷
(C) 集中化行銷
(D) 個人行銷

33. 如果主管出差回來有重要報告與同仁分享,秘書的作法是:
(A) 儘快安排臨時會議
(B) 待下次例會再說
(C) 有空時再處理
(D) 將主管寫的手稿複印給部屬,並請他們馬上閱讀

34. 由企業建構網站,成為中間商,促成消費者間之買賣,企業只收取手續費是何種交易型態?
(A) B2B
(B) B2C
(C) C2B
(D) C2C

(E) O2O

35. 主管出差所預支的差旅費用，秘書要：
    (A) 有空再處理
    (B) 等月底跟一般費用報銷一起處理
    (C) 以專案即刻處理
    (D) 等下次出差一併處理

36. 客戶開會遲到，手機又沒開，大家都在等候，最後客戶終於現身了，秘書的第一句話應該是：
    (A)「你怎麼遲到了，大家都在等！」
    (B)「沒關係，反正大家還在閒聊。」
    (C)「下次請你務必準時！」
    (D)「已幫您報備有事耽擱，請馬上進會議室。」

37. 同事給你臉色看，你的反應應該是：
    (A) 以牙還牙，當場嗆回去
    (B)「幹什麼給我這種臉色看！」
    (C) 處之泰然，改天有適當時機勸她
    (D) 摔東西表示抗議

38. 秘書要有 forgive and forget 的氣度，有時挨罵也是學習的機會。這時秘書要多＿＿＿＿上司的優點。
    (A) 厭惡
    (B) 指責
    (C) 欣賞
    (D) 唾棄

39. 有些規模較小的公司，以其有限的資源集中服務某一區隔市場，又稱利基行銷，是何種行銷方式？
    (A) 大眾化行銷
    (B) 區隔化行銷
    (C) 集中化行銷
    (D) 個人行銷

40. 傳統英文書信的書寫格式，每一行都從最左邊打起，日期與地址齊平，卻寫在內頁的最右方，簽名式寫在左下角，Reference Initials 寫在右下角，成為四個角都有字的樣式是指：
    (A) Square Blocked Style
    (B) Simplified Style
    (C) Semi-Blocked Style
    (D) Full-Blocked Style

41. _____工作態度比較嚴謹，想要快速升遷，會比一般公司慢。
    (A) 美商公司　　　　　　　　　(B) 日商公司
    (C) 本土公司　　　　　　　　　(D) 傳統產業

42. 下列何者為影響消費者行為的宏觀因素？
    (A) 次文化　　　　　　　　　　(B) 人格特質
    (C) 價值理念　　　　　　　　　(D) 生活型態

43. 產品品牌由生產製造廠商發展出來，並歸屬製造商的優點為：
    (A) 有利於小規模製造商　　　　(B) 產品的控制可較好
    (C) 可提高品牌熟悉度　　　　　(D) 不需進行品牌推廣

44. 下列何者不是零售商發展自有品牌的優點？
    (A) 可獲市場的認定　　　　　　(B) 通路的控制較好
    (C) 不需花費太多推廣費用　　　(D) 產品銷售利潤較高

45. 以良好環境提高消費者參與意願，讓服務人員與顧客有良好互動，讓其他顧客有恰當的言語行為，這是服務行銷中應強調注意的哪一個型態？
    (A) 人身處理 (people processing)
    (B) 物品處理 (possession processing)
    (C) 心理刺激處理 (mental stimulus processing)
    (D) 資訊處理 (information processing)

46. 下列何種型態的創新，創新程度最低，所花研發成本較其他方式為低，且與現有消費者習慣相容性較高？
    (A) 連續性創新品　　　　　　　(B) 緩和式的創新品
    (C) 動態連續創新　　　　　　　(D) 非連續性創新

47. 產品單位成本為 32 元，若欲賺取 20% 的加成，則產品價格應訂為：
    (A) 38.4 元　　　　　　　　　　(B) 40 元
    (C) 64 元　　　　　　　　　　　(D) 50 元

48. 下列哪一種市場類型是指市場商品的價格會趨於一致，廠商只能接受由市場所決定

的價格？
(A) 完全競爭市場 (B) 完全獨占市場
(C) 壟斷性競爭市場 (D) 寡占競爭市場

49. 為何某些消費者偏好某個零售商，下列何者非可能的原因？
    (A) 便利 (B) 社會階層
    (C) 產品搭配 (D) 服務
    (E) 以上皆有關

50. 製造商—批發商—零售商屬下列何種通路型態？
    (A) 零階通路 (B) 一階通路
    (C) 二階通路 (D) 三階通路
    (E) 通路整合

51. 需要理論中，何者被公司同事所接受？
    (A) 生理需要 (B) 安全需要
    (C) 社會需要 (D) 尊重需要

52. 組織購買者要求採購部門供應商修改過去曾購買設備的產品規格或交易條件，此類購買稱為：
    (A) 直接重購 (B) 選擇性採購
    (C) 新任務購買 (D) 修正再購

53. Secretary 這個字的本意是：
    (A) Keep-secret (B) Take-secret
    (C) Secret-taker (D) Secret-keeper

54. 相較倉庫，配銷中心是：
    (A) 設計用來提供儲存空間更有效的利用 (B) 降低大批分裝的需求
    (C) 設計用來降低所有的儲存 (D) 用來加速物品的流動
    (E) 由數個中間商所使用的儲存設施

55. 電子檔案處理過程中，_____的定義是指載有簽章驗證資料，用以確認簽署人身

分、資格之電子形式證明,包括:憑證序號、用戶名稱、公開金鑰、憑證有效期限及憑證管理中心之數位簽章等。
(A) 憑證 (B) 轉置
(C) 模擬 (D) 封裝

56. 依據銷售額目標,提列若干比率為廣告預算金額,是屬於何種廣告預算?
(A) 目標任務法 (B) 銷售比率法
(C) 競爭法 (D) 仲裁法

57. 行銷組合為一間公司最主要的溝通活動,而行銷組合必須能達到最大的溝通的目的。下列哪一個不包含在其中?
(A) 產品 (B) 競爭者
(C) 定價 (D) 推廣
(E) 通路

58. 當公司在決定關於紙本廣告中的標題、副本、插圖和顏色。其實公司是在進行_____決策。
(A) 訊息結構 (B) 訊息內容
(C) 訊息中介 (D) 訊息格式
(E) 訊息管道

59. 傳統英文書信的書寫格式,除日期在右上角,禮貌性結語及簽名由中央打起,其他部分的每一行開頭都與左邊界等齊的是
(A) 全齊平式 (B) 齊平式
(C) 改良齊平式 (D) 混合式

60. 下列哪一個推廣組合工具是指使用目錄、電話行銷、售貨亭和網路進行?
(A) 廣告 (B) 公共關係
(C) 銷售促進 (D) 人員銷售
(E) 直效行銷

61. 企業依據銷售額目標,提列若干比率為廣告預算,是屬於何種?
(A) 目標任務法 (B) 銷售比率法

313

(C) 競爭法 (D) 仲裁法
(E) 財務比例法

62. 企業可針對公司本身或社會關心之議題，主動規劃活動者屬於：
    (A) 事件贊助 (B) 製造新聞議題
    (C) 發行與發放出版物 (D) 危機處理

63. 強調如何有效率的交付物品，以及如何降低顧客的知覺風險，這是服務行銷中應強調注意的哪一個型態？
    (A) 人身處理 (people processing)
    (B) 物品處理 (possession processing)
    (C) 心理刺激處理 (mental stimulus processing)
    (D) 資訊處理 (information processing)

64. 阿里巴巴 (1688.com) 集團在 2003 年投資一億元人民幣建立的個人網上交易平台為：
    (A) 中國雅虎 (B) PChome
    (C) 淘寶網 (D) ihergo
    (E) 天貓

65. 以下何者是一種允許使用者即時更新簡短文字 (通常少於 200 字)，並可以公開發布的部落格形式？
    (A) QQ (B) Skype
    (C) Twitter (D) Facebook
    (E) LINE

66. PChome 線上購物為何種交易型態？
    (A) B2C (B) B2B
    (C) C2B (D) C2C
    (E) O2O

67. 當你打電話去找人而對方不在時，如果你不想留話給對方，可以說等一會兒再打來，下列何者正確？
    (A) I'll call again. (B) I'll call back later.

(C) I'll call him. (D) I'll dial again.

68. 企業以「季」為單位，調查競爭對手廣告活動和各種媒體運用比率，公司再行檢討本身之廣告計畫，屬於何種廣告預算方法？
    (A) 目標任務法
    (B) 銷售比率法
    (C) 競爭法
    (D) 仲裁法
    (E) 財務比例法

69. 職場服裝儀容很重要，主管向秘書抱怨同仁穿著太隨便時，秘書應該：
    (A) 建議請禮儀專家來公司做「禮儀」培訓
    (B) 建議公司統一訂製制服
    (C) 表示自己沒有被授權去做規勸
    (D) 替同仁辯護，上班穿著只要舒服就好

70. 公司以相同品牌名稱銷售旗下所有產品稱為：
    (A) 全國性品牌
    (B) 家族品牌
    (C) 私人品牌
    (D) 混合品牌

71. 需要理論中，何者為人類最基本的自身安全和工作保障的需要？
    (A) 生理需要
    (B) 安全需要
    (C) 社會需要
    (D) 尊重需要

72. 產品固定成本為 40 萬元，單位變動成本為 15 元，達損益平衡時之銷售數量為 80000，則產品售價應為：
    (A) 20 元
    (B) 30 元
    (C) 40 元
    (D) 50 元

73. 秘書在工作當中，總認為自己所做的都是瑣碎而經常的，事實上每個人工作生活中都有瑣碎的和重要的。同一個時間如果出現各個狀況，好比主管找你，而你在打電話；正要去會議室而客人來了，那麼客人來了是屬於：
    (A) 第四優先
    (B) 第三優先
    (C) 第二優先
    (D) 第一優先

74. 下列哪一種因素會決定消費者購買決策型態？
    (A) 涉入程度
    (B) 知覺風險
    (C) 從眾行為
    (D) 人格特質

75. 組織購買者於購買時所採取最簡單，也是最普遍購買類型稱之為：
    (A) 直接重購
    (B) 選擇性採購
    (C) 新任務購買
    (D) 修正再購

76. _____的重點在於蒐集與呈現事實的研究方法。
    (A) 規範性研究
    (B) 探索性研究
    (C) 描述性研究
    (D) 以上皆非

77. 消費者可以在網路上尋找想要購買某產品之其他人，一起向店家出價，這種方式屬於下列哪一種？
    (A) B2B
    (B) B2C
    (C) C2C
    (D) C2B
    (E) O2O

78. 下列何者並非典型的行銷資料庫的顧客資料？
    (A) 採購行為
    (B) 生活型態
    (C) 人格傾向
    (D) 意見：訪查結果、抱怨、查詢等等

79. 所謂機構廣告的主要目的為：
    (A) 設法刺激主要需求 (primary demand)，並非選擇需求 (selective demand)
    (B) 包括非媒體的成本
    (C) 經常以最終消費者或使用者為目標
    (D) 設法在大眾面前建立產品名聲
    (E) 設法為公司或產業建立聲譽

80. 企業使用下列哪一種管道來宣傳產品之成本最低且可信度高？
    (A) 電視
    (B) 雜誌
    (C) 公共關係
    (D) 車體廣告
    (E) 捷運車廂廣告

第九回答案

1.(C)	2.(D)	3.(A)	4.(A)	5.(A)
6.(C)	7.(D)	8.(A)	9.(B)	10.(D)
11.(B)	12.(D)	13.(B)	14.(C)	15.(A)
16.(C)	17.(A)	18.(C)	19.(C)	20.(D)
21.(C)	22.(C)	23.(A)	24.(C)	25.(B)
26.(A)	27.(A)	28.(C)	29.(D)	30.(B)
31.(D)	32.(B)	33.(A)	34.(D)	35.(C)
36.(D)	37.(C)	38.(C)	39.(C)	40.(A)
41.(B)	42.(A)	43.(B)	44.(A)	45.(A)
46.(A)	47.(B)	48.(A)	49.(E)	50.(C)
51.(C)	52.(D)	53.(D)	54.(D)	55.(A)
56.(B)	57.(B)	58.(D)	59.(C)	60.(E)
61.(B)	62.(B)	63.(B)	64.(C)	65.(C)
66.(A)	67.(B)	68.(C)	69.(A)	70.(B)
71.(B)	72.(A)	73.(C)	74.(A)	75.(A)
76.(C)	77.(D)	78.(C)	79.(E)	80.(C)

第十回

1. 透過廣告塑造公司良好企業形象或扭轉消費者對公司之負面形象與態度者為：
   (A) 產品廣告　　　　　　　　　(B) 機構廣告
   (C) 先驅廣告　　　　　　　　　(D) 競爭廣告
   (E) 提醒式廣告

2. 當你打電話去找人時，對方恰巧不在，你會如何處理？
   (A) 想盡辦法一次搞定
   (B) 謝謝，再見
   (C) 告訴對方我的資料，留下留言，請對方回覆
   (D) 不喜歡跟機器講話，不留言就掛斷

3. 接到客訴電話時，對方罵得很凶，你應該如何處理？
   (A) 仔細聆聽，記錄下來　　　　(B) 不可與其發生爭執
   (C) 委婉解說　　　　　　　　　(D) 以上皆是

4. 當你接到一通電話，正是要找你的，下列回答何者有誤？
   (A) I am.　　　　　　　　　　(B) This is she.
   (C) Speaking.　　　　　　　　(D) Mrs. Chen speaking.

5. 有時候對方交代複雜又難懂的事情要你轉述時，你可以要求對方用_____，以避免傳遞錯誤的訊息。
   (A) e-mail　　　　　　　　　　(B) Fax
   (C) Line　　　　　　　　　　　(D) 以上皆可

6. 對於親頰禮，下列敘述，何者不正確？
   (A) 只輕吻對方左頰表示禮貌
   (B) 親了右頰再親左頰，表示進一步的熱忱

(C) 歐美國家在男女之間，由男士主動或女士主動都不失禮

(D) 至親好友間，由男士主動或女士主動都不失禮

7. _____是有效傳遞行銷的觀念給公司全體員工，使員工能以顧客導向的心態來服務顧客。
   (A) 內部行銷 (B) 整體行銷
   (C) 外部行銷 (D) 職能行銷

8. 行銷學之父是：
   (A) 菲力普・科特勒 (Philip Kotler) (B) 彼得・杜拉克 (Peter Drucker)
   (C) 邁克・波特 (Michael Porter) (D) 約翰・洛克菲勒 (John Rockefeller)

9. 下列何者為亞洲最長壽的國家？
   (A) 日本 (B) 韓國
   (C) 台灣 (D) 中國大陸

10. _____在台灣經濟的比重日漸增加。
    (A) 服務業 (B) 工業
    (C) 電子業 (D) 農業

11. 組織面對多樣的競爭者，以層次來看，下列何者非競爭者的類型？
    (A) 欲望競爭者 (B) 品牌競爭者
    (C) 本質競爭者 (D) 產銷競爭者

12. 我們經常在政府網路上或是向相關單位購買所得到的現成資料即是：
    (A) 初級資料 (B) 次級資料
    (C) 描述資料 (D) 觀察資料

13. 下列何者非取得第二手資料時，研究者所應考量的因素？
    (A) 成本 (B) 正確性
    (C) 公開性 (D) 及時性

14. _____是指社會分層上被認為具有相同社會地位的一群人，它們是按等級排列的，每一階層成員具有類似的偏好、興趣和行為模式。

(A) 社會階層 (B) 參考群體
(C) 社會區隔 (D) 概念群體

15. ＿＿＿＿＿＿是描述態度改變的說服理論模型，意謂個人對於議題攸關的資訊仔細思量、深思熟慮的程度。
    (A) 周邊路徑模式
    (B) 途徑選擇模式
    (C) 推敲可能性模式 (Elaboration Likelihood Model)
    (D) 邊陲路徑模式

16. 在現有的產品類別和品牌中，推出不同規格之產品，供消費者有多樣化的選擇，是屬於下列何種品牌策略？
    (A) 新品牌 (B) 品牌延伸
    (C) 多重品牌 (D) 產品線延伸

17. 廠商常藉由發送樣品，希望消費者未來能購買該產品，這是希望產生以下何種學習效果？
    (A) 經驗式學習 (B) 觀念式學習
    (C) 類化式學習 (D) 區別式學習

18. 安排或選擇供應商之人，他們負責協商或談判交易的條件，是組織購買者的何種角色？
    (A) 發起者 (B) 把關者
    (C) 使用者 (D) 購買者

19. 下列何者指的是「將市場區分為不同的購買群，並對各個市場加以描述，以進行目標行銷」？
    (A) 市場差異化 (B) 目標市場選擇
    (C) 市場定位 (D) 市場區隔化

20. 行禮時雙手互握，右手掌心包住左手拳頭，高舉齊眉，請問這是什麼禮？
    (A) 握手禮 (B) 拱手禮
    (C) 舉手禮 (D) 擁抱禮

21. 公司將廣大市場加以區隔,決定同時進入兩個以上的市場,並調整公司的行銷組合策略,是採取何種行銷方式?
    (A) 大眾化行銷 (B) 區隔化行銷
    (C) 集中化行銷 (D) 個人行銷

22. 下列何者不是社會行銷觀念所重視的要素?
    (A) 顧客需要 (B) 社會福祉
    (C) 生產流程 (D) 公司利潤

23. 握手時,下列何者為非?
    (A) 長官可以先伸手 (B) 男士可以先伸手
    (C) 長輩可以先伸手 (D) 主人可以先伸手

24. 主席在會議中的主要功能是:
    (A) 控制時間
    (B) 訓話及裁定
    (C) 溝通
    (D) 確保議事及議程順利進行,每項議題都達成結論

25. 行使握手禮時:
    (A) 雙方保持一個手臂的距離,伸出右手
    (B) 不用看對方
    (C) 四指併攏,拇指張開
    (D) 上下微搖表示親切,並行欠身禮,同時面帶微笑

26. 有關會議記錄,以下何者為非?
    (A) 72 小時內發給與會者
    (B) 將每個人的發言都詳盡記載
    (C) 會議記錄盡量用一張 A4 紙,不必長篇大論
    (D) 先交給主管過目修正,再發給與會者

27. 會議記錄發給相關同仁後,秘書需要主動做的事是:
    (A) 確定各人都有收到紀錄 (B) 跟催各人負責項目的進度

(C) 著手準備下次會議　　　　　　　(D) 將會議記錄歸檔

28. 傳統英文書信的書寫格式，每一行都從最左邊打起，但是省略結尾語，主題全部用大寫字打出，發信人名字全部用大寫字母打出，這是：
    (A) 全齊平式　　　　　　　　　　(B) 齊平式
    (C) 改良齊平式　　　　　　　　　(D) 混合式

29. 效率是指做一件事最好的方法，基本上是一種投入產出的觀念。當我們用＿＿＿＿的時候，不會有效率。
    (A) 較少的「投入」獲得等量的「產出」
    (B) 以等量的「投入」獲得較多的「產出」
    (C) 以較少的「投入」獲得較多的「產出」
    (D) 既不「投入」，也不「產出」

30. 效能與效率不同。效能是指「適切的目標之設定，以及為達到目標所需適切手段的選擇」。也就是說，有效的管理者如果不能夠＿＿＿＿，就不算是有效能。
    (A) 設定適切的目標　　　　　　　(B) 選擇適切的手段
    (C) 達成既定的目標　　　　　　　(D) 放棄自己的目標

31. 許多秘書經常抱怨從早到晚忙得團團轉，這是工作的要求所致。上乘的功夫是，能在談笑之間完成工作。要知道老闆每天所做的有百分之三十是秘書的工作；而秘書所做的＿＿＿＿，都是老闆的工作。
    (A) 百分之百　　　　　　　　　　(B) 百分之八十
    (C) 百分之五十　　　　　　　　　(D) 百分之二十

32. 電子檔案處理過程中，＿＿＿＿的定義，是指於現有的技術環境下，將數位資料回復其原始作業環境，藉以呈現原有資料。
    (A) 憑證　　　　　　　　　　　　(B) 轉置
    (C) 模擬　　　　　　　　　　　　(D) 封裝

33. 電子檔案處理過程中，＿＿＿＿的定義，是指用以描述電子文件及電子檔案有關資料背景、內容、關聯性及資料控制等相關資訊。
    (A) 憑證　　　　　　　　　　　　(B) 詮釋資料

(C) 模擬　　　　　　　　　　　　(D) 封裝

34. 會計部的秘書請產假,人事部欲將管理部秘書調去支援兩個月,管理部秘書應有的心態是:
    (A) 不熟悉會計作業,斷然拒絕
    (B) 欣然接受這個挑戰
    (C) 感到不受重視而辭職
    (D) 請求留在原位,但兼做一些會計秘書工作

35. 欲表現出附加價值,秘書可以做的事是:
    (A) 忽然間提出辭呈,引起注意　　(B) 盡量取悅主管討他歡心
    (C) 主動爭取參與專案　　　　　　(D) 做地下主管,讓大家對她敬畏三分

36. 小美的好友們都是用 iPhone 手機,所以小美最近也購買了一支 iPhone 手機。小美的好友們對小美購買了 iPhone 手機決策的影響是_____的影響。
    (A) 仰慕群體　　　　　　　　　　(B) 參考團體
    (C) 意見領袖　　　　　　　　　　(D) 虛擬群體

37. 下列何者非取得第二手資料時,研究者所應考量的因素?
    (A) 取得容易度　　　　　　　　　(B) 時效性
    (C) 公正性　　　　　　　　　　　(D) 平等性

38. 差旅安排,看來瑣事一堆,如果秘書事先能協助主管充分準備,這代表主管與秘書之間的互動是:
    (A) 有待改善　　　　　　　　　　(B) 合作無間
    (C) 不怎麼樣　　　　　　　　　　(D) 太超過常規

39. 下列哪一種市場類型是指廠商數目比較少,廠商都具備控制價格的能力?
    (A) 完全競爭市場　　　　　　　　(B) 完全獨占市場
    (C) 壟斷性競爭市場　　　　　　　(D) 寡占競爭市場

40. 有句話常常用來形容一個人「很情緒化」,這句話是指:
    (A) 對方的 EQ 很差　　　　　　　(B) 對方是 EQ 高手

(C) 對方表裡不一　　　　　　　(D) 對方很真誠坦率

41. 秘書必須妥善控制情緒，最重要的原因是：
    (A) 秘書的情緒會直接影響到主管　(B) 壞情緒會影響到工作表現
    (C) 壞情緒會影響到辦公室氣氛　　(D) 以上皆是

42. 英文書信的信封寫法，下列哪一點要注意是錯誤的？
    (A) 發信人的名稱及地址在左上角
    (B) 收信人的名稱及地址在中間偏左
    (C) 掛號、航空、機密字樣置於信封左下角
    (D) 城市與國家的名字用大寫

43. 在辦公室裡，秘書除了要常與上司溝通外，還必須扮演搭起上司與部屬間溝通的＿＿＿＿，例如在忙碌時候不被打擾、嚴格把關。
    (A) 渠道　　　　　　　　　　　(B) 橋樑
    (C) 鴻溝　　　　　　　　　　　(D) 傳令兵

44. ＿＿＿＿喜歡用制度引導企業的進行，而非靠人情事故，與國際接軌。
    (A) 美商公司　　　　　　　　　(B) 日商公司
    (C) 本土公司　　　　　　　　　(D) 傳統產業

45. 企業將旗下不同的產品項目給予不同的品牌名稱為：
    (A) 全國性品牌　　　　　　　　(B) 個別品牌
    (C) 私人品牌　　　　　　　　　(D) 混合品牌

46. 引發購買過程，也常是最初規格制定者，是組織購買者的何種角色？
    (A) 發起者　　　　　　　　　　(B) 把關者
    (C) 使用者　　　　　　　　　　(D) 購買者

47. 企業以既有的品牌推出新產品，使消費者有更多的產品選擇，可增加消費者對企業品牌的忠誠度，是屬於下列何種品牌策略？
    (A) 新品牌　　　　　　　　　　(B) 品牌延伸
    (C) 多重品牌　　　　　　　　　(D) 產品線延伸

48. 下列何種型態的創新改變了現有產品的基本功能或使用方法？
    (A) 連續性創新品
    (B) 溫和式的創新品
    (C) 動態連續創新
    (D) 非連續性創新

49. 電子檔案處理過程中，_____的定義，是指為防止儲存媒體過時或失效，將電子檔案內容從一儲存媒體複製至新的儲存媒體。
    (A) 憑證
    (B) 轉置
    (C) 更新
    (D) 封裝

50. 某一產業中只有一家廠商，而且其生產的產品沒有其它的替代品存在，這是哪一種市場類型？
    (A) 完全競爭市場
    (B) 完全獨占市場
    (C) 壟斷性競爭市場
    (D) 寡占競爭市場

51. 一般而言，通路商所具有的儲存和配銷功能，可以解決製造商與顧客間的何種差異？
    (A) 數量差異
    (B) 空間差異
    (C) 暫時差異
    (D) 組合差異
    (E) 地點差異

52. 下列何種產品最適合密集式配銷？
    (A) 運動外套
    (B) 電池
    (C) 10段變速腳踏車
    (D) 網球拍
    (E) 35 mm 相機

53. 統一企業所生產之各種產品或食品，透過旗下加盟之統一超商，銷售給散佈全台灣的消費者，屬於何種通路？
    (A) 零階通路
    (B) 一階通路
    (C) 二階通路
    (D) 三階通路
    (E) 通路整合

54. 在 De Beers 的廣告中，強調鑽石恆久遠，一顆永流傳，這是屬於何種廣告訴求？
    (A) 利得
    (B) 清潔／健康

(C) 愛情／羅曼蒂克／親情　　　　(D) 恐懼

55. 在媒體選擇上，主要優點在於高度的地理選擇性和及時性為下列何者？
    (A) 報紙　　　　　　　　　　　(B) 雜誌
    (C) 廣播　　　　　　　　　　　(D) 電視

56. 為了使公司有更好的溝通一致性、更一致的公司形象，以及更大的銷售印象，許多公司會雇用：
    (A) 廣告經紀商　　　　　　　　(B) 行銷傳播總監
    (C) 公共關係專家　　　　　　　(D) 銷售人員
    (E) 媒體規劃人員

57. 廣告目的在於資料、知識的提供者為：
    (A) 訊息提供　　　　　　　　　(B) 刺激行動
    (C) 提醒功能　　　　　　　　　(D) 建立產品和企業形象

58. 下列何者不是廣告後測之主要探討內容？
    (A) 購買意願　　　　　　　　　(B) 訊息型態效果
    (C) 廣告態度　　　　　　　　　(D) 品牌態度
    (E) 品牌選擇

59. 下列哪一種市場類型是指產業存在著許多競爭的廠商，消費者具多樣化選擇，廠商須藉產品差異化，以爭取消費者購買其產品？
    (A) 完全競爭市場　　　　　　　(B) 完全獨占市場
    (C) 壟斷性競爭市場　　　　　　(D) 寡占競爭市場

60. 首先提出購買建議的人，意識到企業所面臨的問題，是組織購買者的何種角色？
    (A) 發起者　　　　　　　　　　(B) 把關者
    (C) 使用者　　　　　　　　　　(D) 購買者

61. 若考量消費者對公司產品已有興趣或對新產品不盡熟悉時，企業應採何種作法？
    (A) 免費樣品　　　　　　　　　(B) 抽獎
    (C) 競賽和遊戲　　　　　　　　(D) 酬賓回饋

62. 巧聯企業本身的專業和譯能兵庫海來連輯服務前端客服務行銷中的強強
灌沒其層於哪一個階段？
(A) 人事處理 (people processing)
(B) 物品處理 (possession processing)
(C) 心理刺激處理 (mental stimulus processing)
(D) 資訊處理 (information processing)

63. 下列何者為高接觸的服務？
(A) 電影院　　　　　　　　　(B) ATM
(C) MRT　　　　　　　　　　(D) 高級餐廳
(E) 網拍

64. 下列何者是購買的服務的特徵？
(A) 服務結果不確定性增加知覺風險　(B) 了解服務生產過程參
(C) 缺乏有名的實體所以難以評斷　　(D) 評估服務較容易

65. 阿里巴巴網站 (1688.com) 為何種電子商務？
(A) B2B　　　　　　　　　　(B) B2C
(C) C2B　　　　　　　　　　(D) C2C
(E) O2O

66. 公司選擇為期市場的每一個區隔市場，並採行差異化的經營策略，其採取何種行銷
方式？
(A) 大量化行銷　　　　　　　(B) 區隔化行銷
(C) 集中化行銷　　　　　　　(D) 個人行銷

67. 下列何者是 C2C 的網路商務？
(A) eBay　　　　　　　　　　(B) Amazon.com
(C) 博客來　　　　　　　　　(D) 阿里巴巴
(E) PChome

68. Electronic mail（電子郵件）這裡用英文字，不可以換寫為：

69. 下列何者為感度接觸的服務？

(A) E-Mail (B) E-mail
(C) e-mail (D) email
(A) 電藝院 (B) ATM
(C) MRT   (D) 西級餐廳

70. 以下何者是「閉心活動」被廣可廣泛使用表之某種需求？

(A) 心理需求 (B) 社會需求
(C) 團團問題意義的需求 (D) 人際的需求
(E) 生理需求

71. 以下何者不是行動人員為廣作為行為市場的主要原因？

(A) 越來越多的消費者使用手機接受電腦訊、線電視電視及看影片
(B) 在 18 至 34 歲的成人族持中間上，手機被認為能見到目有高滿意度
(C) 不同於電腦行為廣告，手機行動廣告可以依間您消費者的手機使用戶
(D) 手機用戶可以在即時家認知的獨特時間回覆
(E) 大多數消費者都有自己的手機

72. 公司試為一週的市場為一個週買市場，公司應該進行一看行為網路？，最適取的方式為何？

(A) 大眾化行為病 (B) 區隔化行為病
(C) 集中化行為病 (D) 個人行為病

73. 下列何種型態的行為方式下，較差明，但使用方式等是測為所未有的？

(A) 運輸性的行為品 (B) 競和品的行為品
(C) 動態運輸性動品 (D) 非運輸性動品

74. 這次選舉來看，主要的一些持的演持者，或有人持的人士支持，回國家有被的推廣：

(A) 確定消費的購買時，經濟主要受認議
(B) 下人有機會從的面持，經濟主要受認議
(C) 這是主要是私事，不其力人
(D) 因手是要給的的購買

75. 研究者所使用的廣播調查者目在其作相關位己經完成的使研究資料，稱之為：

76. 上司的業務有推廣文化保存時，就著重於蒐集那些書籍，藉以充實收藏。
(A) 推動其他 (B) 忽視
(C) 不敢問 (D) 諸詢

(A) 初級資料 (B) 次級資料
(C) 推派資料 (D) 觀察資料

77. 下列何者非 PChome 24h 購物服務，消費者服務者網路購買之因素？
(A) 訂購省時 (B) 庫存參時差
(C) 申貨參時差 (D) 常因參時差

78. 網路公司讓消費者依所描供搜尋而得到的設計，並讓消費者在網中購買，來此秘密最積極廣、名書升等，其主要為：
(A) 視聽行銷 (B) 通路行銷
(C) 關係行銷 (D) 產出行銷

79. 班尼頓 (Benetton) 服飾則以愛滋病議題作為廣告議題，擺明其公司是有良心的業者。此種結合經濟性及公善性的行銷方式為：
(A) 隱藏式行銷 (stealth marketing) (B) 大眾行銷 (Mass Marketing)
(C) 直接行銷 (direct marketing) (D) 善因行銷 (cause-related marketing)
(E) 間接行銷 (indirect marketing)

80. 一般而言，公共關係常使用的工具是：
(A) 宣傳小冊子 (B) 新聞
(C) 演說 (D) 視聽材料
(E) 贊助事項

第十四回答案

1.(B)	2.(A)	3.(D)	4.(A)	5.(D)
6.(A)	7.(A)	8.(A)	9.(A)	10.(A)
11.(D)	12.(B)	13.(C)	14.(A)	15.(C)
16.(D)	17.(A)	18.(D)	19.(D)	20.(B)
21.(B)	22.(C)	23.(B)	24.(D)	25.(B)
26.(B)	27.(B)	28.(D)	29.(D)	30.(D)
31.(A)	32.(C)	33.(B)	34.(B)	35.(C)
36.(B)	37.(D)	38.(B)	39.(D)	40.(A)
41.(D)	42.(B)	43.(B)	44.(A)	45.(B)
46.(C)	47.(B)	48.(C)	49.(C)	50.(B)
51.(A)	52.(B)	53.(B)	54.(C)	55.(A)
56.(B)	57.(A)	58.(B)	59.(C)	60.(A)
61.(A)	62.(D)	63.(D)	64.(A)	65.(A)
66.(A)	67.(A)	68.(A)	69.(B)	70.(B)
71.(C)	72.(A)	73.(D)	74.(A)	75.(B)
76.(B)	77.(D)	78.(C)	79.(D)	80.(B)